李营华 编著

时间和空间 的王国

Time and Space

河北出版传媒集团
河北科学技术出版社

图书在版编目（CIP）数据

时间和空间的王国 / 李营华编著 . — 石家庄：河北科
学技术出版社，2012.11（2024.1 重印）
（青少年科学探索之旅）
ISBN 978-7-5375-5539-5

Ⅰ. ①时… Ⅱ. ①李… Ⅲ. ①宇宙－青年读物②宇宙
－少年读物 Ⅳ. ① P159-49

中国版本图书馆 CIP 数据核字 (2012) 第 274625 号

时间和空间的王国

李营华　编著

出版发行	河北出版传媒集团　　河北科学技术出版社	
地　　址	石家庄市友谊北大街 330 号（邮编：050061）	
印　　刷	文畅阁印刷有限公司	
开　　本	700×1000　　1/16	
印　　张	9.75	
字　　数	100000	
版　　次	2013 年 1 月第 1 版	
印　　次	2024 年 1 月第 4 次印刷	
定　　价	32.00 元	

如发现印、装质量问题，影响阅读，请与印刷厂联系调换。

前　言

　　青少年朋友对宇宙奥秘有强烈的好奇心和探索欲望。为了满足青少年朋友了解宇宙奥秘的愿望，激发他们的学习情，我们编写了《时间和空间的王国》这本探索宇宙奥秘的书。本书用生动幽默的语言，风趣简洁的插图，深入浅出、系统地介绍了宇宙、星云、星系、星座、恒星等天文科学知识。

　　在书中，青少年朋友可以了解到不可捉摸的反物质、大量存在的暗物质、浩瀚宇宙中的星系群、神秘莫测的黑洞；在书中，你还可以知道宇宙从哪里来，又将走向何处。

　　与众不同的是，书中精心设计了许多我们日常生活中就可以做的有趣小实验，使青少年朋友在了解神秘宇宙的同时，掌握了许多探索科学的方法。读完本书，青少年朋友就会了解到科学其实离我们并不遥远，科学就在我们身边，从而进一步增强青少年朋友探索未知世界的勇气和信心。

　　在过去，神秘的星空是那样的可望而不可即。但是，随着现代科学技术的发展，人们对宇宙的了解越来越深，特别是自20世纪50年代以来，人类发射了许多宇宙探测器，它们成了我们地球人的"特使"，飞向太空，去"访问"一个又一个宇宙"朋友"，获得了许多新的发现。

　　最令我国人民自豪的是2008年的春节，嫦娥一号卫星

远在38万千米的月球轨道给全国人民"拜年"，传来了中国人耳熟能详的《春节序曲》。在不远的将来，人类还将登上火星甚至更遥远的星球。科学家们甚至正计划在其他星球上建设人类的居所、工厂和实验室，到其他星球上去生活、工作……

人类不仅仅属于地球，人类更属于宇宙。21世纪将是人类走向太空的世纪，今天的青少年朋友，明天将成为宇宙的主人！

李营华

2012年10月于石家庄

目 录

三 标识宇宙

四 测量宇宙

五 认识宇宙

一、感悟宇宙

"瑶阶夜色凉如水，卧看牵牛织女星。"

宁静的夜晚，当我们漫步户外的时候，往往会情不自禁地抬头仰望夜空。灰蓝色的天幕上点缀着无数颗银花碎玉般的星星，一颗、两颗、三颗……向我们眨着神秘的眼睛。星空，宽广而又深邃，庄严而又绚丽，静谧而又喧闹，美丽而又神秘，令人陶醉，令人神往。仰望星空，常常会引起我们无尽的遐想。星星是什么？星星为什么会发亮？星星离我们多远？星星有数吗？宇宙有多大？

星星离我们太遥远了，宇宙也太大了，但这并没有影响人类对宇宙奥秘的探索。人类用自己的感觉，用自己的聪明才智在不断探索、感悟着宇宙！

奥秘无穷的星空

● （一）"石板"还是"圆球"——人类对地球的认识

地球是人类的故乡。我们世世代代在地球上繁衍生息。照理说，我们对地球够熟悉的了。但是对人来说，地球实在是太大了，弄得我们"身在'球'上不知'球'"，人类用了几千年的时间都没有弄清楚地球的模样。一直到300多年前，人类才真正认识到地球是一个圆圆的"大球"。"地球"这个名字，也是从那个时候开始叫起来的。

外国人的"脸盆"和"衣箱"

4 000多年前，埃及人认为天和地都是神的身子。一个巨大的男神脸朝上躺着。他的皮肤、肌肉是大地，流淌的汗水是大地上的河流，突起的筋骨是又高又陡的大山。一个巨大的女神拱腰伏在男神上面。她的身上缀满了星星，这便是天空。

古埃及天地之神

又过了1 000多年，对大地是"神的身子"的说法，连埃及人自己也不大相信了。于是，他们又设想，大地是一个巨大的脸盆。盆沿就是那些险峻连绵的大山，大山顶着天穹，无数的星星就像一盏盏吊灯那样挂在天穹上。

在欧洲，古代有一个叫柯斯马斯的僧侣，到处向人们宣

扬：大地像一个装衣服的箱子，里面耸立着一座高山，山的下面便是阿拉伯和欧洲的大地。太阳每天沿着"大箱子"的壁板爬行，爬到山顶时人们便看见了日出。晚上，太阳就回到大山后面睡觉去了。

中国人的"圆盘"和"斗笠"

在古代的埃及人和欧洲人对地球做出种种猜测的时候，我们的祖先也在琢磨着大地的样子。

3 000多年前，有人提出了"天圆地方"的看法。并认为：天圆圆的，像一把撑开的大伞；地方方的，像个摆着的棋盘。可是，圆的天怎么能把方的地盖严呢？于是，又有人说：天像一个圆圆的大斗笠，地是一个平放着的大圆盘，天直接盖在地上。这样，天和地都是圆的，自然就盖得严丝合缝了。

"骑"在动物身上的大地

古印度人心中的大地

不管是"天圆地方"还是"天圆地圆",古代的人们都认为大地是块平平的大石板。那么,这块石板是放在什么上面呢?人显然是没有这么大的力气。怎么办呢?那只好请力气大的动物来帮忙了。

住在陆地上的人说:这块大石板驮在一只大鳌的背上。如果大鳌眨眨眼睛就会闹地震;如果大鳌翻一下身子,那就会天翻地覆了。

住在海边的人说:驮着大地的是三条大鲸。因为他们亲眼看见过大海里的鲸鱼,知道它们的力气很大,让它们来驮大地是再合适不过了。

印度人说:驮着大地的是四头壮实的大象,这些大象又整齐地围成圆圈儿,站在一只巨大的神龟背上。

大地是蛋黄

我国东汉时期的科学家张衡

在古代，多数人都相信"大地是块平平的大石板"，但也有不少人表示怀疑。第一个提出"大地是圆球"的人，是古希腊的毕达拉斯。他在2 000多年前就说：圆球是宇宙中最完美的东西，所以大地也应该是这个样子。

我国东汉时期的科学家张衡也认为：天和地像一个大鸡蛋，天是蛋壳，地是蛋黄，天像蛋壳包蛋黄一样包裹着大地。在这里，张衡已经认识到大地是圆球一样的东西了。

亚里士多德的"疯话"

古希腊科学家亚里士多德

古希腊科学家亚里士多德，非常喜欢观察自然现象。他多次在海岸上观察来往的帆船。他发现：从远方驶来的船，总是先看到挂着大帆的桅杆顶，然后才慢慢看到船身，好像帆船是从一个弯弯的斜坡下面爬上来的；相反，当帆船离开海岸，远去的时候，船身看不见了，桅杆才慢慢消失在海平面上，帆船又像是从一个弯曲的斜坡上溜下去的。这是为什么呢？亚里士多德认为：海面不是人们想象的那种平板，而是一个弯曲的球面。因此，大地不是一个平板，而是一个圆球。根据观察结果，亚里士多德认定："大地实际上是一个球体，一部分是陆地，一部分是海洋，在这个圆球的外面包裹着空气。"

但是在当时，亚里士多德的话没有几个人相信。那时候人们还不懂得"地心引力"。他们想，如果大地是滴溜圆的话，球下面的人头朝下、脚朝上，吊着走路，那不就统统掉下去了吗？所以，当时许多人把亚里士多德当成疯子，认为他的话是"疯话"。

聪明的主意

亚里士多德之后，好多人开始观察自然现象。想通过观察自然现象弄清大地到底是什么样子。比如，有的人开始观察北极星。他们发现：越往北走，看到的北极星就越高；相反，越往南走，看到的北极星就越低。同一个北极星怎么会有高有低呢？如果大地真是一块平板，这就成了无法理解的怪事。但是，如果大地是一个圆球，这个现象

就很容易解释了。

种种现象，使越来越多的人开始相信大地是一个圆球。然而受旧习惯的影响，大部分的人仍然顽固地认为大地是一块平板。这两种完全不同的看法，一直共存了1 000多年的时间。

大地怎么会是圆的呢

相信大地是圆球的人，用他们观察到的许多自然现象向人们证明大地是一个圆球。而坚持认为大地是平板的学者，也用他们的理由使人们相信大地是平的。他们甚至挂出"人在圆球下面吊着走路"的漫画，来讽刺、嘲笑那些说大地是圆球的人。持不同观点的两派互不让步，谁也说服不了谁。

到了15世纪，生产和贸易发展很快，航海技术也有了很大提高。人们已经有能力漂洋过海。当时许多国家都在探索新航线，寻找新陆地，开辟新的贸易市场。这个时候，人们提出"大地到底是什么样子？""世界到底有多大？"等问题，不能再糊涂下去了。于是，有人建议：最好还是让事实来回答这个问题。他们提出了一个好主意：沿着大地的一个方向一直走，如果最后能从相反的方向回到原来出发的地方，那就证明大地确实是个大圆球。如果回不到原来的地方，而是走到了大地的边缘，那就证明大地是个平板。这个主意，在交通还不发达的15世纪，无疑是一个大胆的想法。

错把古巴当日本

意大利航海家哥伦布

意大利航海家哥伦布对大地形状很关心。他也相信大地是圆球形的。那时，欧洲人通过陆地已经和东方的中国、印度等有了贸易往来。而且知道，在他们的东方，有盛产丝绸和香料的中国、印度、日本等。哥伦布想，既然大地是个大圆球，那么从欧洲出发，一直向西航行也能到达东方。只是他把地球估计得太小了。根据他的估计，从欧洲向西航行4 800千米，就能到达亚洲的中国和印度。

1492年8月，哥伦布率船队从巴洛斯港启航，开始了他的远征。这支船队横渡大西洋，10月抵达巴哈马群岛，然后到达古巴。由于哥伦布把地球估计小了，他以为已经到达了亚洲的东岸，错把古巴岛当成了日本。其实，哥伦布当时只走了从欧洲到亚洲全部航程的四分之一，离环绕地球一周的航程还差很远呢。

人类首次"拥抱"地球

哥伦布半途而废，没能完成环绕地球的梦想。他死后13年，葡萄牙航海家麦哲伦，在1519年9月率船队从西班牙的圣罗卡港出发，沿着哥伦布开辟的航路西行，决心实现哥伦布的梦想，亲自看一看大地到底有没有边缘，是不是圆球形状的东西。

麦哲伦的船队横渡大西洋之后，又沿着巴西海岸南下，冒着一场强烈的暴风雪绕过南美洲，进入了浩瀚无际的太平洋。他们在太平洋里整整向西航行了98天，还没有见到任何一块陆地。船上携带的淡水和粮食几乎都快吃光了，人们又渴又饿，连船上的老鼠和皮带都变成了水手们的美餐。历尽千难万险，直到1521年，才到达亚洲的菲律宾群岛。因参加岛上的内部争斗，包括麦哲伦在内的247名船员，被菲律宾土著人杀死。幸存的水手们驾驶着剩下来的唯一一艘帆船"维多利亚号"，又继续向西航行。他们从太平洋进入印度洋，绕到非洲南端的好望角，终于又回到了大西洋。

麦哲伦横渡大西洋

1522年9月6日，一个正在瞭望台上观测的水手突然惊喜地跳起来，因为他又看到了熟悉的西班牙海岸，3年前他们就是从这里出发向西航行的。现在，转了一个大圈子，真的又从东方回到了原地，证实了大地果然是一个圆球。

为了表彰麦哲伦他们的环球壮举，当时的西班牙政府制作了世界上第一台象征大地的小圆球——地球仪，把它送给麦哲伦的水手们。这台地球仪上印着一行金光闪闪的字：

"你首先拥抱了我！"

人类想象、猜测和争论了几千年的一个大问题，终于在事实面前找到了正确的答案。从此，"地球"这个响亮的名字就在世界上正式诞生了。

●（二）把地球"请"下宝座——人类对太阳系的认识

人们在探索大地形状的同时，也在琢磨着另一件事：大地在宇宙的什么地方？在弄清了大地的形状是一个圆球之后，地球在宇宙中的位置，成了当时人们探索宇宙奥秘的焦点。因为当时人们对宇宙的认识还很狭窄，所以，这时人们对宇宙的探索实际上主要是对太阳系的探索和认识。

"天分九层，地在当中"

1 700多年前，古希腊人托勒玫，在仔细研究了前人观测行星的资料之后提出：地球是固定不动的，它"稳坐"在宇宙的中心。太阳、月亮、五大行星（当时人们只发现了五颗行星）都沿各自的轨道分别绕着地球转圆圈儿，每个"圆圈儿"都是一层天，从里到外依次是月亮天、水星天、金星天、太阳天、火星天、木星天和土星天。土星天外面的一层固定不动，上面镶满了恒星，叫作固定恒星天。固定恒星天外面还有一层叫作最高天。

托勒玫承认大地是球形的，并且认为行星各自沿着自己的轨道运动，这是正确的。但是，托勒玫把地球作为宇宙的不动中心显然是错误的。中世纪的欧洲教会，却利用这个错误大做文章，到处宣扬"地球是上帝选定的宇宙中心"，最高天就是上帝居住的"天堂"，用来维护自己的中心统治地位。教会的推波助澜，使托勒玫的这个错误在西方根深蒂固地延续了1 000多年。

动摇地球的"宝座"

"日心说"创立者哥白尼

尼古拉·哥白尼1473年2月19日出生于波兰。他的父亲勤劳能干，是个很有钱的商人。哥白尼10岁那年，父亲去世了。以后他的舅舅管他的一家人。舅舅是教会的一个大主教，很有学问，也很有势力。哥白尼18岁那年，舅舅把他送到当时波兰首都的一所大学学习，在那里，哥白尼学习了许

多天文学知识。三年后，他来到当时欧洲最文明的国家意大利求学。他先后学习了教会法、医学、数学和天文学。哥白尼的外语学得很好，能熟练地读、写希腊文和拉丁文。

哥白尼在意大利生活了将近十年，在这期间，他接受了许多新的思想。在这里，哥白尼仔细地阅读了许多科学书籍。在一些书中，他发现以前就有人写过地球的运动。回到波兰以后，哥白尼把大部分精力都用在天文学研究上。他建立了简易的天文台，用自制的简陋仪器对神秘的天空进行了长期观测研究。

经过长期研究，哥白尼认为：这么多星星不可能每天都绕着地球跑一圈儿。实际上星星、太阳并没动，而是因为地球在自转，人们看起来好像是星星、太阳、月亮在每天绕着地球转圈圈儿。他还认为，地球不是宇宙的中心，太阳才是宇宙的中心，地球只不过是围绕太阳运动着的一颗行星。其他天体也都围绕着太阳运动。

哥白尼的"日心说"，否定了被教会宣扬了1 000多年的"地心说"，动摇了地球的"宇宙中心"宝座，使人类对于宇宙的认识大大地前进了一步。

今天看来，哥白尼的说法的确有很多缺点和错误，但在当时来说，这可是一个很了不起的发现。

捣毁上帝的"天堂"

布鲁诺是哥白尼的学生。他积极宣传哥白尼的"日心说"，并且对它作了十分重要的补充和发展。他认为，宇宙是没有尽头的。太阳和太阳系只不过是宇宙沧海中的一粒米，在无边无际的宇宙中，和太阳一样的恒星还有千千万万颗。在遥远的星星上也有生物，也会有和人一样有智慧、会思索、懂感情的生物。这些卓越的科学预见，在当时是多么地难能可贵啊！

　　布鲁诺的宣传，使教会非常恐慌。因为，按照布鲁诺的说法，宇宙无边无界，天堂当然不存在，上帝就"无家可归了"。地球不是宇宙的中心，其他星球上也有人等，所有这些使教会宣扬的"上帝造人"、自己是"上帝的使者"等就不攻自破了。恐惧到了极点的教会把布鲁诺逮捕入狱，对他进行了严刑拷打，强迫他改变观点。可是，布鲁诺始终坚持真理、坚强不屈，经过七年的监禁之后，被判处火刑。1600年2月17日布鲁诺被活活烧死在罗马鲜花广场上。

将"魔鬼的眼睛"对向天空

天文学家伽利略

1609年5月，意大利天文学家伽利略，在威尼斯听说了一件新鲜事：一位名叫李伯希的眼镜匠，他的儿子偶然把两个镜片排在一起看远处的东西时，惊奇地发现远处的东西被放大拉近了。这件事引起了伽利略极大的兴趣。当他弄清其中的原理后，便自己动手做起观察天空的望远镜来。经过反复试验，他终于做成了一架望远镜。

第二年，伽利略第一次把他的望远镜对向天空。通过望远镜他看到，银河并不是人们用肉眼看到的白茫茫一大片，而是密密麻麻如针尖大小的星星；月亮也不像用肉眼看到的那么漂亮，而是坑坑洼洼。伽利略在观察金星时发现，金星也像月亮一样有圆有亏。他认为，金星的这种变化，是太阳照到它表面大小不同的缘故。因此，金星本身不发光，是像镜子一样反射太阳光，并且是围绕太阳转的行星。

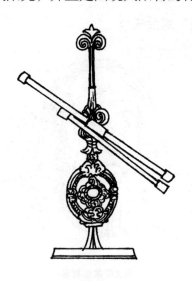

伽利略自制的望远镜

伽利略的那架望远镜，在今天看来的确十分简陋。但就是这架望远镜成为证实哥白尼"日心说"的有力工具。这架望远镜，大大扩展了人类的视野，使人类在探索宇宙奥秘的道路上，迈出了至关重要的一步。

教会唯恐人们相信"日心说"，把伽利略的望远镜称作"魔鬼的眼睛"禁止人们去观看。但是人们还是争先恐后地想从这个"圆筒"里看看神秘的天空究竟隐藏了什么秘密，相信"日心说"的人也越来越多。

"日心说"把地球从宇宙中心的"宝座"上"请"了下来。从此，在人类看来，地球只不过是太阳系中一颗普通的行星，再也没有什么特殊的地位了。

● （三）把太阳请下"神坛"——人类对银河系的认识

晴朗的夏夜，如果没有月亮，抬头仰望天空，人们就会发现有一条白茫茫的、模糊的光带，好像奔腾的河流，银光闪闪、浩浩荡荡地从南到北穿过天空。这就是银河，又叫银汉，也就是我国民间传说中的天河。

扑朔迷离的神话

古往今来，美丽而又神秘的银河，引起了人们的无限遐想。在没有弄清银河到底是什么的时候，人们为它编织了许多美丽的神话。

我国古代有关银河的神话

　　在我国，有个世代相传的神话故事。王母娘娘的女儿们，不甘心忍受天庭的寂寞，私闯人间。其中的第七个女儿织女爱上了勤劳朴实的牛郎，就私留人间与牛郎成婚生子。牛郎织女的自由相爱冒犯了天庭。王母娘娘勃然大怒，派下天兵天将把织女强行掳回天庭。牛郎见自己的爱妻被带走，急忙用扁担挑上一双儿女在后面紧紧追赶。王母娘娘心狠手辣，拔出银簪在天空一画，一条波涛汹涌的大河横在牛郎面前，挡住了他的去路。王母娘娘画出的这条河就是银河。银河成了阻隔牛郎、织女这对恩爱夫妻的鸿沟。每年只有农历七月初七那一天，牛郎织女才能通过鹊桥，一诉衷肠。有人说，七月初七这一天，躲在葡萄架下面，还能听到他们俩说的悄悄话呢。

在古希腊的神话中，大神宙斯是个不忠实的丈夫，为了使他与"婚外恋人"阿尔其墨涅所生的儿子赫拉克斯成为最伟大的勇士，宙斯趁妻子天后赫拉熟睡的时候，把孩子放在她的胸前，让孩子吃天后的乳汁。赫拉被咬痛，从梦中惊醒，妒火中烧，愤怒地将孩子推开，乳汁喷洒而出，流成了河。英文中，把银河称为"乳汁之路"，就出于这个古老的神话故事。

古埃及人认为银河是天神铺撒的麦子；印加人说银河是金色的星尘；古爱斯基摩人把银河看成一条雪路；阿拉伯人认定银河是天上的河流。

在非洲的博茨瓦纳，银河常常在天幕的中央，正好位于他们的头顶之上。因此，非洲沙漠的游牧部落把高悬在天顶上的银河称为"夜的脊梁"，认为没有它的支撑，天就会塌下来。

赖特的"磨盘"

最早发现银河系秘密的是伽利略。1609年，当他把自制的望远镜对准天空的时候，首先发现的是，银河是一片数不清的星星。这个观测到的事实，引起了人们思索。由此人们认为，银河系可能是由许许多多恒星堆在一起形成的一个巨大的恒星"集团"。英国人赖特认为，天上所有的恒星和银河共同构成了一个巨大的像磨盘一样的东西，这个"磨盘"的直径要比厚度大得多。德国人康德则认为：银河与太阳系

一样，是扩大了的太阳系，所有的恒星都像行星一样，处在一个近似的平面之中，并以太阳为中心绕着太阳旋转。由此，康德首次把太阳"推向"银河系的中心。

破了边的"圆盘"

1782年，英国天文学家威廉·赫歇耳制造了一台当时最大的反射望远镜。他把天空分成许多块，利用这架望远镜开始"数"每一块的星星。他先后共"数"了10万多颗。通过"数"星星他发现：越靠近银河，恒星越密，顺着银河的方向上看恒星最密，而在与银河平面相垂直的方向上恒星最稀少。由此，他认为银河系是扁平状的大圆盘，太阳在圆盘的中心。这个圆盘的边缘不规整，有些"破"，有凸出的地方，也有凹下去的地方。1906年，荷兰天文学家卡普坦也用"数"星星的方法得出了与赫歇耳差不多的结论：银河系是一个扁平的恒星"集体"，太阳稳坐在中心，中心恒星稠密，边缘恒星稀少。至此，太阳位于银河系中心的看法，在当时占了上风。

把太阳从银河系中心"搬"出来

1918年，美国天文学家沙普利对100个球状星团进行研究时发现：球状星团在天空的分布是不对称的。90%的星团都集中在半个天空上。如果太阳是银河系的中心，从地球上观察星团应该大致对称分布。如何解释这个现象呢？唯一合理的解释是：太阳并不在银河系的中心，我们所处的位置是银河系的边缘。所以在地球上看去，星团都偏向了银河系中心的那一边。因此，沙普利大胆地把太阳从银河系中心"搬"开，认为银河系的中心不是太阳，太阳只不过是银河系边缘一颗普通的恒星而已。

哥白尼的日心说把地球从"宇宙"中心的宝座上"请"了下来；现在沙普利又勇敢地把太阳从银河系中心"搬"开。从此，太阳恢复了银河系的普通"公民"的本来面目。

● （四）不断扩大的视野——人类对宇宙的认识

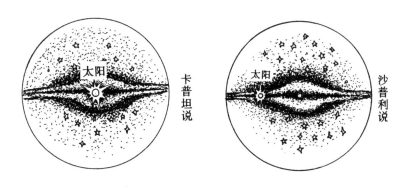

太阳在银河系中的位置

近40年来，随着科学技术的不断发展，人类对宇宙的观察、探索和研究不断深入。人类不仅通过巨大的光学望远镜观察看得见的天体，还通过射电望远镜观察看不见的天体。利用航天技术人们把望远镜"搬"到太空，"钻"出地球大气层，更准确地观测各种宇宙现象。人类已亲自登上了月球，人类发射的航天器"访问"了除冥王星之外太阳系的其他八大行星。不仅如此，人类还向太阳系外发射了探测器，去探索宇宙更深处的奥秘。

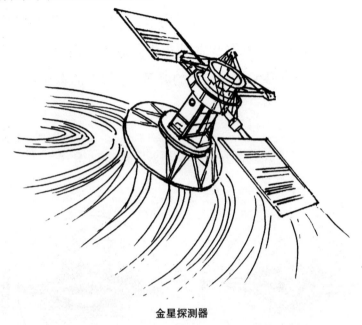

金星探测器

宇宙到底有多大还是一个未知数。如果我们从地球出发，看看周围，你就会发现，宇宙大得是多么不可思议！

"摇篮"和"家门"

对我们大多数人的活动范围来讲，半径6 371千米的地球确实是够大了；月球到地球的平均距离为384 000千米更是太遥远了。但是在天文学家的眼里，小小地球和区区38万多千米的月地距离太微不足道了。所以，天文学家把地球称为"人类的摇篮"，把月球看作是地球的"家门"。

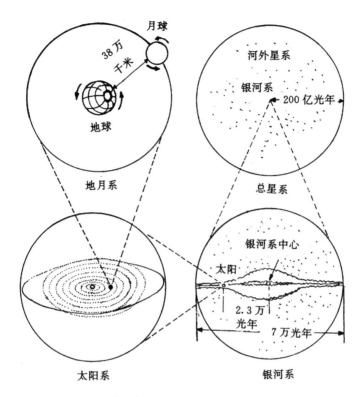

太阳在宇宙中不过是沧海一粟

地球只是太阳系中的一个普通成员，太阳的"肚子"里可以装下130万个地球。地球到太阳的距离平均为1.5亿千米，是月地距离的390倍。我们把日地距离1.5亿千米叫作1个"天文单位"。太阳系中的"繁华街区"——八大行星所在的范围约为40个天文单位，相当于60亿千米。这个距离连每秒钟可以走30万千米的光，也要走五个半小时。

巨大的"铁饼"

太阳已经够大的了，但太阳只是银河系中极为普通的

一颗恒星。银河系是一个庞大的"恒星城"，在这座"城市"里至少有1 500亿颗各种各样的恒星。如果想描述银河系的大小，用千米、用天文单位都显得太小了，小到好像我们用毫米去说北京到广州的距离。所以天文学家建立了"光年"这个距离单位。1光年就是光1年所走的距离。我们已经知道光每秒走30万千米，所以1光年大约是10万亿千米。银河系的样子很像运动员甩的铁饼，不过这个"铁饼"太大了，它的直径大约是8万光年，太阳离银河系的中心大约为3.3万光年。

太阳率领着它的子孙们绕银河系中心转动，虽然转动的速度高达每秒250千米（用这个速度从北京到广州大约只需要7秒钟），但因为银河系太大了，太阳绕它一圈儿要花费2.5亿年呢！

这里是"铁饼仓库"

如此巨大的银河系在宇宙中也只是普通一员。如果说银河系是一个巨大的"铁饼"的话，宇宙就是一个存着上亿个"铁饼"的巨大"铁饼仓库"。因为宇宙中还有许许多多数以亿计的与银河系类似的"恒星组成的铁饼"，天文学家把它们叫河外星系。十几个、几十个以至成百上千个星系集聚在一起组成了更大的天体系统叫作星系团，人类目前已发现了上万个星系团。银河系与附近的几十个星系组成的星系团叫"本星系群"，本星系群的直径约为652万光年。天文学家迄今为止发现的离我们最遥远的星系，大约距地球150亿光年。

一锅"爆米花"中的"一粒"

需要说明白的是：我们这里说的"宇宙"是指人类观测所及的宇宙，即"我们的宇宙"。科学家们认为：宇宙的形成好像爆"爆米花"，一锅爆出许多"爆米花"，每一粒"爆米花"就是一个宇宙。"我们的宇宙"仅仅是许许多多宇宙中的一个。在我们的宇宙之外，还有许许多多的宇宙呢！

二、观察宇宙

宇宙真是太大了，宇宙中的天体离我们也实在是太遥远了。挂在天上的星星，对我们人类来讲，实在是可望而不可即。到目前为止，人类登上的唯一天体就是月球。但是，月球只是地球的一颗卫星，相对于浩瀚无垠的宇宙来讲，它只是地球的家门。我们登上月球只能算是到"门口"看了看。其他天体我们人类目前还没有办法靠近他们。虽然如此，科学家们通过捕捉、搜集宇宙天体向外发出的各种信息，还是知道了它们的许多情况。那么，宇宙天体向外"传达"了什么信息呢？科学家们又是如何捕捉、搜集这些信息的呢？

● （一）太空传来的信息

宇宙中的恒星、星云等天体，可没有在那儿老老实实地呆着。实际上，它们都在一刻也不停地向我们的地球传达着各种各样的信息。通过这些信息，科学家们就能知道这些遥远天体的一些情况了。

星星发出的"无线电信号"

我们知道，广播电台、电视台都是通过发射无线电波向外传播信号的。我们利用收音机、电视机接收这些无线电波就可以听到声音、看到图像。广播电台、电视台的无线电波是人们专门发射的。那么，是不是只有无线电台才能发射无线电波呢？当然不是。无线电波也叫电磁波。除了无线电台向外发射人们"制造"的电磁波之外，自然界的大多数物体都有向外发射电磁波的能力。

传送信号的电磁波

夏季雷雨天，如果我们开着收音机，有闪电的时候，收音机就会发出"嗑啪、嗑啪"的声音，这说明闪电向外发射了电磁波。把一块石头放在炉子里烧热，再拿出来，当我们的手离这块石头较近的时候就会感觉到热，这是因为这块烧热的石头正在向外发射一种特殊的、能够向外传播热量的电磁波——红外线。太阳的热量主要也是靠红外线传到地球的。

宇宙中的星球等天体，也和我们地球上的物体一样，都有向外发射电磁波的能力。不同的星球发射的电磁波也不一样。它们像一个个挂在天空的无线电台，向地球传递着丰富的信息。通过研究这些"信息"，就能知道星球的许多特征，这是科学家们了解各种天体"脾气""秉性"的主要手段。

电磁波"家族"

电磁波有很多"兄弟姐妹"，众多的电磁波兄弟姐妹组成了一个庞大的电磁波家族。它们有的五彩缤纷、绚丽夺目，使世界充满了色彩和光明；有的虽然我们人类看不见，却能传播大量的热量，使我们感觉到温暖；有的具有很强的穿透性，能透过几十厘米厚的钢板，使胶片感光。

绚丽多彩的可见光

在电磁波家族中人类最早认识的是"光"，我们也把它叫作"可见光"。比如，太阳光、火光、闪电发出的光、电灯发出的光等。那么，"光"怎么和电磁波联系在一起了呢？其实，光是电磁波家族中的一员，它和其他电磁波是实实在在的"同胞"兄弟姐妹，在本质上与其他电磁波没有什么区别，只不过它是一种人类的眼睛可以看得见的电磁波罢了。我们平常看见最多的是白光，比如太阳光。其实自然界中并没有白色的光，七种颜色的彩色光混合起来，人们就感觉到它是白色的了。找一块三角形的玻璃棱镜，让一束太阳光穿过这个棱镜，你就会发现，原来白色的光被分开了，变成了一条按照红、橙、黄、绿、青、蓝、紫的顺序排列的七种颜色的光带，科学家们把这种现象叫作"色散"。夏天，雨后的天空有时会出现美丽的彩虹，就是因为太阳光在天空发生了色散。一种颜色的光就是一种电磁波。宇宙中的恒星、星云等天体，多数都能向外发射可见光这一类型的电磁波，同时这种电磁波又能被人的眼睛看见，所以，观测宇宙天体发出的可见光是人们研究宇宙天体的一种最古老、也是最主要的方法。

小实验： 找一块三棱镜，在三棱镜的后面放一张白纸，然后让一束白光通过三棱镜，白纸上就会出现一条彩色的光带。

传热高手红外线

大约在180年前，一位英国科学家用望远镜观察太阳光，他用许多有颜色的玻璃片，把太阳七种颜色的可见光全部挡住，还能感觉到太阳的热量，他感到非常奇怪。于

是，他找来一个玻璃棱镜，把太阳光分成七色光带，然后用温度计对各种颜色的光进行测量，看看哪种颜色的光使温度计上升得高。结果发现，在七种颜色的光上，温度计上升都不明显。他试着把温度计放在红光的外面眼睛看不到光线的地方，发现温度计上升得很快。于是，他认为：太阳光中除了我们人类可以看见的光线之外，还有一种我们看不到的光线，这种光线可以传播大量的热量。因为这种光线在红光的外面，所以他为这种光线起了一个很贴切的名字——红外线。

小实验：找一个温度计，用三棱镜把太阳光分开，用温度计测量，看是不是在红光的外面温度上升得最快。

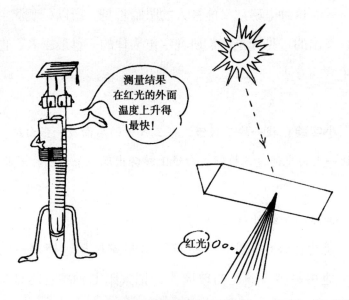

太阳光经三棱镜后被分成七色光

现在我们已经知道，红外线也是一种电磁波，它是热量的主要传递者。利用红外线的这种特征，科学家们发明了许多有用的东西。比如红外线烤箱、红外线加热炉、红外线理疗仪、红外线夜视仪等。

像太阳一样，宇宙中的许多天体既能发射可见光，也能向外发射红外线。但有的天体向外只能发射红外线而不能发射可见光。所以，通过分析研究天体发射的红外线，人们能够发现很多用可见光发现不了的天体。

"杀菌消毒"的紫外线

我们知道，银盐对光线特别敏感，遇到光线就会分解变黑，这种作用叫"感光"。我们日常照相用的底片，就是根据这个原理制造的。1801年，法国科学家把白光分成彩色光带，然后研究各种颜色的光线对银盐的作用。经过研究发现，在紫光的外面肉眼看不到光线的地方，银盐最容易感光变黑。这位科学家认为，在紫光的外面有一种人类眼睛看不见的光线，因为这种光线在紫光的外面，就叫它"紫外线"。紫外线也是一种电磁波，少量的紫外线能够杀死细菌，对人体健康有利。大量的紫外线照射会对人体造成伤害。太阳能够向外发射大量的紫外线，好在我们地球的外层有一种叫"臭氧"的东西，它能够把太阳发射的多数紫外线挡在外面，使我们人类免受伤害。除了太阳之外，其他的恒星也都能发射紫外线。所以，分析研究紫外线也是研究宇宙

天体的一种途径。

能穿透皮肉的X射线

1895年，德国的一位科学家伦琴又发现了一种人类眼睛看不见的光线。这种光线虽然看不见，但却能穿透人的皮肉，在荧光屏上显示出人骨骼的图像。因为当时不知道这种光线是什么，伦琴就为它起了一个名字"X射线"。后来人们为了纪念伦琴，就把X射线叫作"伦琴射线"。现在，医院里经常利用X射线诊断仪诊断病人的病情。利用X射线，科学家们在宇宙中发现了许多特殊的天体。此外，在1896年，法国的一位科学家又发现了一种穿透力更强的射线即γ射线。它也成了一种了解宇宙天体的工具。

来自太空的"暖气管漏气的声音"

1937年，美国为了跨越大西洋向欧洲传播无线电话，设计建造了一个特大的天线。在测试天线的时候意外收到了一种特殊的无线电噪音信号，这种信号发出的噪音很像暖气管道漏气的声音。后来，科学家们经过认真的分析研究发现，这种噪音信号不是人类发射出来的，而是来源于银河系中心的某个部位，是宇宙天体发出的一种特殊的电磁波——射电。这个意外的事件，使人们又在宇宙中发现了一种新类型的天体。

现在我们知道了，可见光、红外线、紫外线、X射线、γ射线、射电以及无线电台等向外发射的电波，都是电磁波。那么，为什么它们有的人眼睛可以看见，有的看不见；

有的能传递大量的热量，有的却有很强的穿透能力呢？这主要是因为它们的波长和频率不同造成的。那么，什么是波长和频率呢？让我们先做个实验看看。

机械振荡可产生波

小实验：找一条长绳子，将绳子的一头用钉子固定在墙上，另一端拿在手里，用力摆动绳子。这时你就会发现，一个又一个绳子形成的"波"由手拿着的这一端，传到固定在墙上的那一端。手摆动得越快，形成的波就越多，波与波之间的距离也就越短。在一定时间内，比如1秒钟，你的手摆动的次数叫波的"频率"，而波与波之间的距离就叫"波长"。仔细观察，我们还会发现：频率和波长之间成一种"反比例"关系，手摆动得越快，也就是频率越高，波与波之间的距离就越短，波长也就越小；反之，手摆动得越慢，波长就越大。

　　上面我们做的小实验是一种最简单的波，是由手像机器一样来回摆动、振荡产生的，所以也叫机械波。电磁波的道理和它差不多。不过电磁波不是由机械振荡产生的，而是由电磁振荡产生的。电磁波同样也有波长和频率，也是频率越高波长越短，频率越低波长就越长。按照频率由高到低、波长由短到长的顺序依次是：γ射线、X射线、紫外线、紫光、蓝色光、青色光、绿色光、黄色光、橙色光、红色光、红外线、微波、超短波、短波、中波，等等。其中的微波、超短波就是我们前面所说的"射电"，微波、超短波、短波、中波等还是广播电台、电视台以及电信部门传播电报、电话和其他信息的工具。

　　宇宙中的天体能够发出各种各样的电磁波，它们有强有弱、特性各异。对科学家们来说，这可是了解宇宙极为宝贵的信息。

地球开向太空的窗口

　　晴朗的夜晚，仰望满天星斗，我们可能会认为，宇宙天体发射的各种电磁波会畅通无阻地传到地球上来。其实，根本不是这样。我们知道，地球外面包着一层厚厚的大气层，大气层的外部还有一层电离层，另外地球还有强大的磁场。这三种东西好像给地球盖上了三层厚厚的棉被，把来自宇宙的很多电磁波挡在了外面。

　　地球的这种"阻挡"电磁波的作用，对人类和地球上的其他动物、植物来讲可是一种必不可少的保护。因为，许多来自宇宙的电磁波，相对于人类及其他动物、植物的健康和生存来讲并不"可爱"。过多的紫外线可以灼伤人的皮肤，并有可能诱发皮肤癌；X射线的照射对人体的损伤也很严重。我们真应该好好感谢地球的三层"棉被"，正是它们把许多有害的电磁波挡在了外面，给我们创造了良好的生存环境。

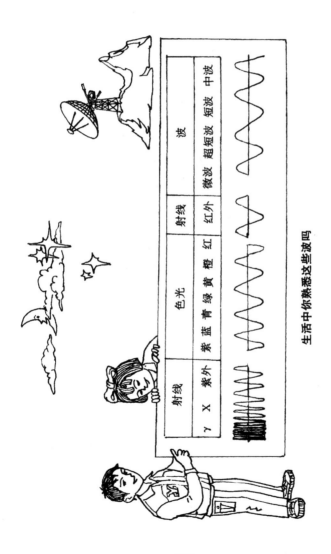

生活中你熟悉这些波吗

射线		色光						射线		波			
γ	X	紫外	紫	蓝	青	绿	黄	橙	红	红外	微波	超短波	短波	中波

有一利，必有一弊。地球的三层"棉被"在为地球上的生命提供良好保护的同时，也遮挡住了我们的耳目，使得宇宙天体发出的好多电磁波我们在地球上都接收不到，给我们观察宇宙天体带来了许多不便。

地球大气中含有大量的二氧化碳和水蒸气，这两样东西都是吸收红外线的高手，除太阳之外，其他恒星发出的红外线，基本上被它们吸收光了。

南极臭氧层空洞

高居在地面上空60千米的臭氧层，最喜欢"吃"紫外线，遥远恒星发出的紫外线，基本上被臭氧层"吃"光了，很难到达地球。射电波段的电磁波，被大气中的各种原子吸收了。所以，宇宙天体发射出来的电磁波大部分都被挡在了外面，我们在地球上观测宇宙天体受到了很大的局限。

好在地球开恩，它为我们开了两个"窗口"，宇宙天体发出的一部分电磁波，可以通过这两个"窗口"传到地球上来，使我们对地球以外神秘的宇宙，不至于一无所知。

这两个"窗口"中，最主要的就是"可见光窗口"。所谓"可见光窗口"，就是宇宙天体发出的可见光。可见光可以穿过厚密的大气层传到地球表面上来。所以，我们在地球表面，就可以看到很多星星了。分析研究可见光目前仍然是研究宇宙天体的一种最主要的方法。

另外一个窗口是"射电窗口"。就是说，天体发射的射电波段的电磁波，也能够穿过大气层到达地球表面。虽然射电也可以到达地球表面，但因为射电这种电磁波，人们眼睛看不到、手摸不着，所以，很长时间内人们不能利用它来研究天体。直到20世纪30年代，人们对电磁波有了全面的认识之后，才开始捕捉并分析研究宇宙天体发出的射电，并建立了一门新的学科——射电天文学。

太空"流窜犯"

宇宙传到地球的信息，除了电磁波之外，还有一种叫作"宇宙射线"的东西。我们知道自然界的物质都是由原子组成的，原子是由更小的粒子组成的。宇宙中的物质与地球上的物质没有什么两样，也是由原子或更小的粒子组成的。宇宙天体中的这些粒子，有的有很高的能量，它们非常不"安分"，到处流窜，成为名副其实的"太空流窜犯"。这些能量极大、不安分守己的"流窜犯"，就是宇宙射线。可不能小瞧这些小东西，别看它们个头儿小，有的甚至比原子还小，但它们对人的伤害是很大的。好在地球的大气层能把多数宇宙射线挡在外面，否则我们人类就该吃这些小东西的大亏了。大气层之外的宇宙射线很强，所以宇航员们穿的宇航服，必须能很好地阻挡宇宙射线，以免被灼伤。

宇宙射线虽然对人体有害，但它却给人类送来了许多宇宙的信息。目前人们对宇宙射线的研究还很肤浅，它的许多秘密我们还没有揭开。但科学家们已经知道，宇宙射线与太阳、恒星的活动有很大的关系。科学家们希望通过这些太空"流窜犯"来了解更多的宇宙秘密。

宇宙"隐形人"

神话故事中，有一种会隐形术的人。这些人神通广大，来无踪、去无影，可以上天入地，穿墙越壁。当然这只是神话，实际上这种神通广大的人是没有的。然而，宇宙中倒是真有这样奇妙的"隐形人"，这种东西就是"中微子"。

中微子是组成原子的一种基本"原材料"。如果把原子比作一幢大楼的话，中微子就好像建造这座大楼的砖瓦。它不带任何电荷，从1930年被发现以来，科学家们一直认为它没有质量，直到最近才发现它也有质量。之所以叫它中微子，顾名思义就是中性的、不带电的小家伙儿的意思。中微子几乎可以穿透所有物质，所以在恒星内部产生的中微子，可以毫不费劲地跑出来，携带着许多恒星内部的信息，飞向宇宙各处。所以，我们如果能够捕捉到中微子，就能了解恒星内部的许多情况。

挡不住的中微子

捕捉中微子可不是一件容易的事情。首先它不带电荷，我们不可能用电场、磁场来控制它；其次，它几乎在通过任何物质时，都像进入无人之境，一穿而过，不留任何痕迹，所以想用什么东西挡住它，都好像是用漏勺舀水。后来，科学家们发现中微子与一种化学试剂有反应，就在一个废弃不用的金矿矿井里，灌进了600多吨这种试剂，以接收太阳内部发出的中微子。从理论上计算，在600多吨试剂中，平均1天可以接收到1个中微子，但实际上4天才能收到1个。在600多吨试剂中找几个中微子，比大海捞针不知要难多少倍！看来中微子这种小东西还真不好对付呢！

●（二）捕捉来自太空的信息

我们已经知道，宇宙天体传到地球来的信息，不管是电磁波还是宇宙射线，都要受到地球大气层的阻挡。我们人类一刻都离不开的大气，却是观测宇宙天体的最大障碍。此外，天体传到地球的各种信号都很微弱。因此，如何捕捉到宇宙天体更多、更强的信息，就成了在研究宇宙时首先要解决的问题。科学家们为解决这个问题想了不少奇妙的办法。

登临绝顶，远离尘世

阴天下雨是地球上的一种自然现象，如果没有阴天下雨，地球上的生物可能多数都不存在了。但是，阴天下雨这种气象变化，对观测宇宙现象却造成了很大的干扰。我国的云南天文台，在一次日全食观测中，就因为一块云彩遮挡，造成了不可弥补的遗憾。

随着科学的发展，对天体的观测越来越精确，对外界的条件要求也越来越高。不仅阴天下雨对观测有影响，空气的湿度、温度、能见度，甚至空气轻微的振动都会对观测造成很大的干扰，影响观测质量。

为了尽量减少气象变化和人类活动对天文观测的影响，天文台大都建在远离闹市的高山上。我国的北京天文台并不在北京，它在离北京100多千米的河北省兴隆县境内，建在燕山的最高峰灵凌山上；美国的夏威夷蒙纳基天文台，建在夏威夷岛海拔4 200多米的蒙纳基山顶。我国正准备建一座新天文台，这座新天文台计划建在云南省丽江海拔5 595米的玉龙雪山上。

远离闹市的天文台

在远离城市的高山上，没有城市灯光的干扰，没有人类活动的干扰，空气非常平静，大大改善了观测条件。更重要的是，由于海拔高，空气中的水蒸气比海拔低的平原上少得多。我们前面已经说过，水蒸气是吸收红外线的"高手"，所以水蒸气含量低对观测非常有利。

在高山上，虽然观测条件很好，但因为远离城市，生活条件却非常艰苦。科学家们为了宇宙科学事业，的确做出了很大的牺牲。

冲破大气层的阻碍

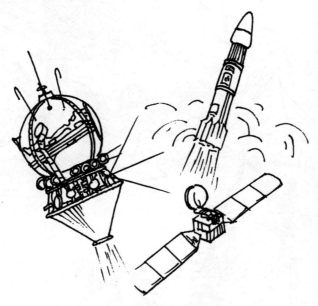

宇宙天体的探索时代

自古以来，人们就渴望能够像鸟儿一样，在天空自由翱翔，人们甚至幻想有一天能够到月亮上去，到火星上去。随着飞机和火箭的发明和应用，这些幻想正在一个个变为现实。

坐上飞机，人们就可以在天空飞翔；人类制造的各种宇宙飞行器已能在太空自由翱翔；人类已经登上了月球。人类在征服自然的道路上，已经有了许多的伟大壮举。这些成绩必将激励着后人向更高、更远的科学境界进军。

飞向太空，冲破大气层，对宇宙天体的研究来讲，具有突破性的意义。因为在大气层的遮盖下，宇宙天体发出的许多信息，我们没有办法发现，而冲出大气层，人们就可以获得比在地球上多得多也准确得多的信息。

火箭、卫星和宇宙飞船的出现，开创了宇宙天体研究的新时代。在地球上人们除了用古老的可见光方法研究天体之外，人们还可以利用卫星、宇宙飞船在大气层之外，收集宇宙天体发出的其他信息，通过红外线、紫外线、X射线方法研究天体。有了这些先进手段之后，天文学也有了很大的发展。原来利用可见光研究天体的科学，被称为"光学天文学"，利用射电、红外线、紫外线、X射线研究天体依次被称为射电天文学、红外天文学、紫外天文学、X射线天文学。这表明现代天文学研究有了突飞猛进的发展。利用这些先进的技术，人们发现了许多新类型的天体，对宇宙的认识有了突破性的进展。

●（三）发现宇宙信息的"千里眼"——天文望远镜

　　宇宙天体距离我们非常遥远，所以它们能够传到地球的信息是非常微弱的，仅靠人的肉眼能观察到的信息是非常有限的，有时甚至是错误的。为此，科学家们发明了许多用来观测天体的设备和仪器，其中最主要的就是观察宇宙的"千里眼"——各种各样的天文望远镜。

天文望远镜的"祖先"

　　我们已经知道，人的眼睛可以直接看见的就是宇宙天体发出的可见光。人们最早就是通过可见光认识和研究宇宙天体的。

　　在晴朗的夜晚，我们抬头仰望满天的星斗，就会发现，有的星星亮，有的星星暗；有的星星发蓝，有的星星发白。我们看到的这些东西，实际上都是星星发出的可见光，都是传给我们的有用信息。如果我们仔细观察就会发现，有较暗的星星时隐时现，看起来非常费劲。所以，在1609年伽利略发明了一种帮助人们用肉眼观测星星的工具——天文光学望远镜。那么，什么是光学望远镜呢？它是用什么原理制成的呢？先让我们做个小实验看看。

　　小实验：找一副近视眼镜和一副老花眼镜，一手拿着老花镜把胳膊伸直，另一只手把近视镜的一个镜片，随便挡在一只眼睛的前面。准备好之后，用前面挡有近视镜片的眼睛，透过老花镜的一个镜片，看远处的物体。这时你就会发现，远处的物体被拉近了。

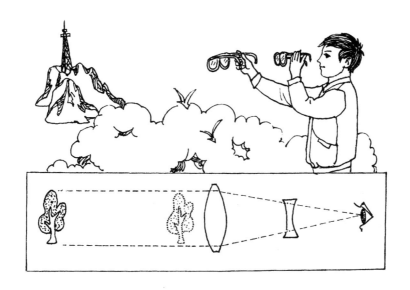

望远镜"远望"示意图

我们知道，近视眼镜是一种凹透镜，就是中间薄，四周厚的透明镜片；老花镜是一种凸透镜，就是中间厚，四周薄的透明镜片。透过这两种镜片看远处的物体，就好像把它们拉近了，比用肉眼直接看要清楚多了。科学家们就是根据这个原理，制造了用来观测宇宙天体的天文光学望远镜。

我们上面做的小实验，只是讲了望远镜的原理。实际上，望远镜要比这个复杂得多。

光学望远镜，是人类最早观测宇宙的工具，它是天文望远镜里的"祖先"。直到今天，多数关于宇宙天体的信息，

仍然是通过光学望远镜获得的。这位天文科学仪器中的"老将",仍在老当益壮,焕发着青春活力。

对向天空的"炮筒"

最简单的光学望远镜是折射望远镜,就是用一组凸透镜、凹透镜组成的望远镜。它一般都做成长长的圆筒子,很像一门高射炮,这种望远镜是最古老的望远镜。1609年,伽利略自己制造的望远镜,就是这种望远镜。我们在商店里见到的小型天文望远镜,多数也是这种望远镜。它的结构比较简单,使用也比较方便。但是,这种望远镜有一个致命的缺点,就是色差很严重。什么是色差呢?简单地讲,当你用这种色差大的望远镜观察星星时,看到的不是星星清楚的图像,而是一团彩色的光斑。并且,口径越大,色差也就越大。这就决定了折射望远镜的口径不可能做得很大。那么,什么是望远镜的口径呢?口径的大小与望远镜的性能有什么关系呢?我们知道,折射望远镜都是一个长长的圆筒子,这个圆筒子的一端要对向天空,望远镜对向天空一端的直径,就叫望远镜的口径。望远镜的口径是决定它的性能的重要指标,口径越大捕捉到的信息就越多、越强。所以,要想观测到距离我们非常遥远,或者发出的信号非常弱的天体,就必须尽量加大望远镜的口径。

要观察暗的东西瞳孔必须放大

　　小实验：找一面小镜子，中午在太阳光很强的户外，对照镜子看看自己的瞳孔是多大；晚上，在灯光很暗的地方，再对着镜子看看自己的瞳孔是多大。经过对比你就会发现，中午阳光很强的时候，你的瞳孔只有针尖那么一点儿；而到了晚上，在光线很弱的地方，你的瞳孔就会变得像一颗绿豆

那么大。想一想，这是为什么呢？

其实，我们的眼睛好比是一架望远镜，瞳孔的大小好像是望远镜的口径。中午，阳光很强的时候，如果瞳孔开得很大，过多的光线就会把我们的眼睛刺伤，所以我们的眼睛就会自动地把瞳孔调得很小，既能看清外面的东西，又不使眼睛受到伤害；到了晚上，光线很弱，如果这时我们的瞳孔还像中午那样小，周围的东西我们就看不见了，所以这时瞳孔就会自动变大，进入眼睛的光线就会变得多一些，暗处的东西我们也就能看见了。

现在我们已经明白了，要观察到较暗的天体，就必须尽量增大望远镜的口径。但是，因为色差，古老的折射望远镜，口径不可能做得很大。目前，世界上最大的折射望远镜，安装在美国的叶凯士天文台，它的口径只有1.02米。所以用折射望远镜，很难发现距离我们非常遥远、光线很暗的星星。现在，各国的天文台已经很少用折射望远镜了。但是，作为一般的天文爱好者，有一台小型的折射望远镜，就完全可以满足需要了。

支向天空的"大锅"

为了解决折射望远镜色差问题，科学家们发明了另一种光学望远镜——反射望远镜。我们前面已经说过，折射望远镜前面对着要观察的物体的是凸透镜，而在反射望远镜里，用凹面镜代替了凸透镜。什么是凹面镜呢？仔细观察一下手电筒或者汽车前灯，你就会发现里面有一个像小碗一样的反射镜，这就是凹面镜。当然，反射望远镜里面的凹面镜，要比手电筒、汽车前灯里面的凹面镜大多了，但是原理是一样的。

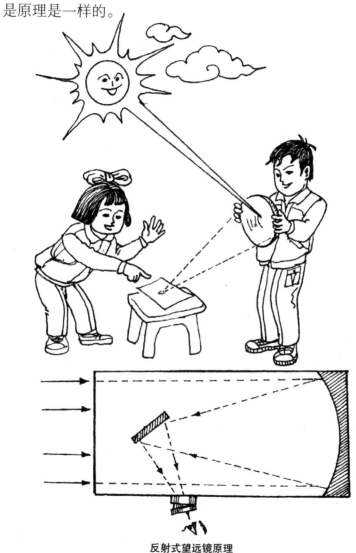

反射式望远镜原理

凹面镜和凸透镜是等效的，就是说它们两个虽然模样不同，但起到的效果是一样的。不相信吗？做个小实验看看。

小实验： 找一个凸透镜（比如老花镜），在阳光下放上一张白纸，将凸透镜放在白纸的前面，前后调整凸透镜与白纸之间的距离，在某个距离时，白纸上就会出现一个明亮的光斑。这说明，凸透镜把光线都集中在这一点上了，这一点就叫凸透镜的焦点。再找一个凹面镜（可以把手电筒里面的卸下来），把它放在阳光下，在凹面镜的前面放一块小纸片，前后左右调整小纸片与凹面镜之间的距离和角度，当纸片在某一位置时，纸片上也会出现一个明亮的光斑，光斑所在的这一点，就是凹面镜的焦点。这说明凹面镜和凸透镜都有把光线聚集在一点上的能力，它们两个是等效的。

反射望远镜解决了色差问题，所以它的口径可以做得很大。目前世界上最大的反射望远镜口径达6米，它像一个巨大的锅，搜集着来自太空的信息。

近年来，科学家们又发明了一种多面望远镜。它由几台反射望远镜组成。在观测时，它们同时瞄准同一个天体，把图像聚集在一个焦点上。这样这几台反射望远镜，就变成了一个大的反射望远镜，它们的口径加起来，可以达到十几米，甚至二十几米。这么大的家伙，观察起星星来就非常清楚，许多用肉眼根本看不见的星星它都能发现。所以，现在世界上的天文望远镜，多数都是反射望远镜。

捕捉射电的"天罗地网"

我们知道，地球为宇宙天体发射的电磁波开了两个"窗口"，一个是可见光"窗口"，另外一个就是射电窗口。前面我们讲的折射望远镜也好，反射望远镜也好，它们都只能接收可见光信息。为了得到宇宙天体发射的射电信息，科学家们又发明了射电望远镜。

射电望远镜

射电望远镜，实际上就是接收宇宙天体发射的无线电信号的网状天线。为了能够捕捉到微弱的信号，它们一般都做得很大。美国甚至利用一个天然的山间盆地，做成了一个口径达300多米的射电望远镜。这还不够，科学家们还把许多单个的射电望远镜，排列成一个射电望远镜"阵"，这样的望远镜阵，它们的总口径可以达到几千米，有的甚至能达到上百千米。有这样的"天罗地网"，再弱的无线电信号也难逃脱。

太空"天文台"

因为有大气层的阻挡，地球上再大、再好的望远镜，也收集不到被阻挡在大气之外的信息，比如红外线、紫外线、X射线等。为了收集更多的宇宙天体的信息，科学家们把望远镜发射到太空，它像一个太空天文台，收集在地面上无法收到的宇宙信息。其中，最具代表性的就是哈勃空间望远镜。

哈勃空间望远镜，重12.5吨，相当于一辆重型卡车装满货物时的重量。这个大家伙是美国在1990年发射上天的。为研制它，美国花了13年的时间，耗资21亿美元。它上面的主要观测仪器是一架口径达2.4米的反射望远镜。按照原来的设计，它不仅可以清楚地观察到地面望远镜几乎看不到的天体，而且比这还暗50倍的天体，它也能清楚地观察到。可是，由于其中的一个镜片放错了1.3毫米的位置，使这个大家伙成了"近视眼"，向地球发回的图像模糊不清。1993年，美国又用"奋进"号航天飞机，将七名宇航员送到太空，对得了"近视眼"病的哈勃空间望远镜，进行了太空修理。修理后的哈勃空间望远镜矫正了"视力"，向地球陆续发回了一系列十分清晰的天体照片。除此之外，它还向地球发回了许多天体的红外线、紫外线以及X射线信息。目前，哈勃空间望远镜正在为人类探索宇宙之谜不断地工作着。

太空天文台可以避开大气层的干扰

三、标识宇宙

　　星空茫茫，一个个星星的模样、个头儿，看起来都差不多，如何确定它们在什么位置，如何辨认它们谁是谁呢？

　　我们平常讲：过一年长一岁。那么，什么是一年呢？一年的12个月是怎样划分的呢？一年有365天，那么，一天又是什么呢？

●（一）"旋转"的天空

　　我们先做个实验看看。

　　小实验：准备一架照相机和固定相机的三角架。在天气晴朗没有月亮的夜晚，将相机用三角架固定在一个看不到任何灯光的地方。将相机的光圈调小一些，然后对准北面天空的"勺子七星"，按下相机的"B"门，连续曝光5～8个小时。

等我们把上面实验中拍摄的照片洗出来之后，你就会发现，照片上不是夜空中一个一个的星星，而是在黑暗背景下，一个套一个的亮圆圈儿。这是怎么回事呢？我们眼睛看见的夜空上，没有圆圈儿啊！这些圆圈儿是哪儿来的呢？

原来这是天空"旋转"的缘故。我们偶然抬头望一眼天空是看不出天空旋转的，但是如果你长时间、仔细地观察天空，你就会发现天空在慢慢地由东向西转动。最简单的方法，你看一下"勺子七星"，晚上8点看一下"勺子"的"把儿"指向什么方向，等过3个小时到晚上11点，你看一下就会发现，"勺子七星"的"把儿"向西移动了！

我们前面小实验里照片上的"亮圈圈"，就是天上的星星"画"上去的，是星星慢慢地"转动"在照片上留下的痕迹。

天空为什么会"转动"呢？其实天空"转动"是一种假象，实际上天空并没有动，而是地球在动。地球自己转动，我们地球上的人看上去就好像天空转动了。太阳早晨从东方升起，晚上从西边落下，也是这个道理，其实太阳并没有动，而是因为地球的自转，我们地球上的人看上去好像太阳在围着我们转似的。看起来大自然还真会迷惑人呢！怪不得我们的祖先几千年来一直认为，地球是宇宙的中心呢！

虽然天空的旋转只是我们站在地球上看到的一种"假象"，但因为它符合人们的习惯，所以，科学家们索性用假

设天空旋转的办法来解决科学研究和生活中的一些问题。

天球

不管是白天还是晚上，我们都有这样的感觉：天空好像一个切掉一半的巨大"圆球"扣在我们头顶上，太阳、月亮和星星都挂在这个"圆球"上，分不出它们的前后、远近；另外，我们走，好像"圆球"也在跟着我们走，总感觉我们自己正好在"圆球"的中心似的。

当然，这半个"圆球"实际上肯定是不存在的。它只不过是我们站在地球上的人的一种错觉而已。虽然这半个"圆球"并不存在，但它很直观，又符合人们的习惯，同时利用这半个"圆球"能很方便地确定星星的位置，所以，科学家们就把这半个"圆球"作为研究天体运动、确定天体位置的一个工具。并给它起了个形象的名字"天球"。

天轴

注意一下我们周围会转动的东西，你会发现它们都有一个共同的特点，就是都有一个"轴"，比如汽车轮子、自行车的轮子、飞机的螺旋桨等。我们前面已经讨论过，因为地球在自转，所以我们地球上的人感觉到好像天空在转，日月星辰，也都每天一周地跟着转。既然旋转的东西都有轴，同样"旋转的天空"也有一根"轴"。因为是"天空旋转"的轴，所以，科学家们把这根轴叫作"天轴"。

天轴是天空旋转的轴，我们地球上的人看上去就好像是太阳、月亮、星星每天都要绕着这根"轴"转一圈儿。太阳东起西落，月亮总是从东向西移动，"勺子七星""勺子把儿"方向的变化等，都是绕着"天轴"旋转的结果。

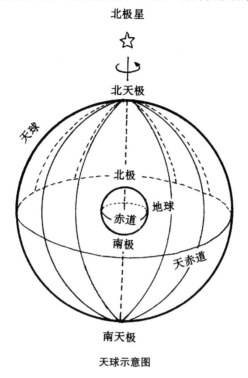

天球示意图

　　天轴在哪儿呢？我们知道地球自转的轴叫作"地轴"。因为天空旋转是地球自转给人们造成的一种假象，所以，天轴是通过天球的中心，也就是观察天空的人所在的位置与地轴平行的一条线。天轴与天球的两个交叉点叫"天极"。北面的天极叫"北天极"，南面的交叉点叫"南天极"。我们生活在北半球的人只能看见北天极，南半球比如澳大利亚的人只能看见南天极。

有趣的是，在北天极附近有一颗比较亮的星星，因为它离北天极很近，所以我们看上去它几乎不动，所有星星都在围着它转，这颗星星就叫"北极星"。

小实验：寻找北极星。晴朗的夜晚，先在北部天空寻找"北斗七星"，就是我们平常说的"勺子七星"。假设把"勺子七星"勺子口上的两颗星用一条直线连起来，然后再把这条直线向"勺子"开口的方向延长5倍的距离，在这个地方你会发现有一颗亮星星，这颗星星就是大名鼎鼎的"北极星"。

北极星虽然不是特别亮的星星，但因为在它的周围一大片天空中都是很暗的星星，所以，北极星还是很"招眼"，很容易找到的。

北极星对在野外工作的人员来说，比如侦察兵、测绘队员等作用可大了。因为北极星所在的方向，与正北方向相差很小，所以，用北极星确定方向比用指南针还准。在野外，只要找到北极星就不会迷失方向。

可惜的是，在南天极没有像北极星这样的一颗"指极星"。所以，生活在南半球的人们就没有办法享受到"指极星"带来的方便了。

南、北两极日月星辰的"转动"

我们已经知道，天空带着日月星辰每天绕着"天轴"转一圈儿，实际上是因为地球自转造成的一种假象。所以，生活在地球上不同位置的人们，可以看到不同的日月星辰"转动"的"景象"。

我们生活在地球的北半球。在这个地方，天轴是从我们观察者到北上方天空的一条斜线。所以我们看到的景象是：日月星辰每天东升西落。

但在两极就不一样了。在北极或南极，北天极和南天极正好在正上方的天顶上，天轴是与地面垂直的一条线。如果在地球的北极看北极星的话，北极星不像我们现在看到的在天空的北面，而是在天空正上方的天顶上。所以，在南极或北极看到的所有星星，都不升也不落，而是每天绕着天顶转圈子。北极夜空的所有星星都不升不落地绕着北极星转圈子。

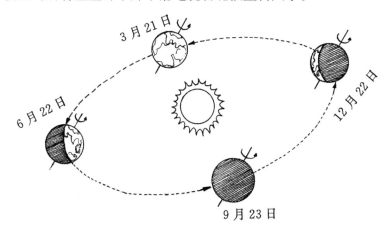

地球公转出现"极昼"和"极夜"

在北极，从3月下旬到9月下旬半年的时间内太阳不落，而是每天绕着天顶"打转"，所以这时候的北极只有白天没有黑夜，这种现象叫"极昼"；从9月下旬开始一直到来年

2月下旬以前的半年时间内，太阳落入北极地区的地平线以下，总也升不上来，所以这时候的北极没有白天只有黑夜，这种现象叫"极夜"。

南极也一样，只不过出现"极昼"和"极夜"的时间正好与北极相反。当北极是"极昼"的时候，南极正好是"极夜"；当北极是"极夜"的时候，南极正好是"极昼"。所以，科学家对南极大陆进行考察，一般都要在每年的9月以后进行，否则去得早了，南极正是漫长的黑夜，就什么也看不到了。

● （二）天上的行政区划——星座

平常如果我们要找一个人，首先要知道这个人在哪里。只要知道他在哪个省、哪个市、什么街道、门牌号码，再找他就不难了。

天上的星星那么多，"模样"又都一样，如果不想点儿办法，是很难区分它们的。为此，科学家们像把一个国家分成许多省、许多市和县一样，把天空分成了很多"块"，并且给每一块都起了名字，这样找起星星来就容易多了，这样的"块"就叫星座。

天琴座

稀奇古怪的星座名字

天上的星星乍一看好像杂乱无章，令人眼花缭乱，但如果你仔细看一看就会发现，它们可以组合成许多有趣的图案。比如我们特别熟悉的北斗七星，看上去就很像一把"大勺子"。古代的人们就是根据星星组合成的图案来划分星座的。图案像什么东西，这个星座就叫什么名字。比如，有的图案像一只大熊，这个星座就叫大熊座；有的图案像一架竖琴，这个星座就叫天琴座；有的图案像一只老鹰，这个星座就叫天鹰座等。同时，古代人还为天上星星组成的图案编织了许多美丽的神话故事。

星星组成的图案，是人们的想象。世界上不同地方的人们对同样几颗星星，想象成的图案也不一样，甚至有的把它

想象成一个图案，有的就把它想象成几个图案。比如，我们中国人说的"勺子七星"，西方人把它看成是一只大熊的身子和高高翘起的尾巴。所以，我们看到的"勺子七星"是大熊座的一部分。这样，世界上不同国家、不同地区的人们对星座的划分就不一样，叫的名字也是五花八门。为了统一星座的划分，国际上统一规定，把天空分为88个星座，并为每个星座起了统一的名字。

因为星座是按星星组成的图案划分的，所以星座在天空占的面积大小，星座中的星星的多少相差很大。有的面积很大，星星很多，比如我们前面说的大熊座，还有鲸鱼座等；有的面积很小，星星也很少，比如圆规座、小马座等。

星星的名字

我们每个人都有自己的姓名，有了姓名就能很方便地区分张三、李四。同样，为了方便认识和区分星星，人们也给星星起了名字。

对神秘的星空，古今中外的人们都很感兴趣，所以，为星星起名字从很早以前就开始了。古代人给星星起的名字往往都和一些神话故事有关，比如我们常说的织女星、牛郎星，就是根据牛郎和织女的神话故事起的名字。因为各国的神话传说五花八门，所以同一颗星星在不同的国家就有不同的名字，有的星星甚至有几个、十几个名字。一颗星星有好几个名字，对我们的日常生活没有多大影响，但对科学研究来讲就很可能会引起混乱。为了防止星星名字的混乱，科学家们规定：全世界统一根据星座为星星起名字，在同一星空中，按照星星的亮度顺序，配上相应的希腊字母，比如大熊座最亮的星星叫"大熊座 α 星"，比这颗星星稍暗一点儿的星星叫"大熊座 β 星"。希腊字母只有24个，有的星座很大，如果星星超过24颗怎么办呢？为此英国的一名科学家编制了一个星表，按照星星在星座中的不同位置，为每一颗星星都编了号，比如天鹅座61星、天兔座17星等。所以，各个星座里的星星除了24颗比较亮的星星是用希腊字母之外，其他星星都按这张表的编号定名。按照这种起名字的方法，我们熟悉的织女星叫"天琴座 α 星"、牛郎星叫"天鹰座 α 星"、北极星是"小熊座 α 星"。

有了星座，观察和寻找起星星和其他天体来就容易多了。我们可以很方便地说哪一颗星星，或哪一个天体在天空的什么位置。有些天体用肉眼根本就看不到，但用星座就可以很准确地说明它们的位置，这样寻找和观察它们就非常容易了，比如仙女座星云、大熊座星系等。

满天的繁星看上去数也数不清，但按照星座就能数清楚它们。其实，整个天空肉眼能看见的星星只有6 000多颗。在城市里看星星，因为空气污染和城市灯光的干扰，肉眼能看到的星星，最多也只有几百颗。

● （三）几个漂亮的星座

天上的"熊父子"

　　大熊座是北方天空一个最美丽的星座。它最明显的标志就是我们常说的"勺子七星"，所以找到它非常容易。人们把大熊座想象成一只又肥又大的笨狗熊，"勺子七星"的把儿是狗熊的尾巴，勺子的头儿是狗熊的身子，狗熊的头和四肢上的星星比较暗不容易看清。

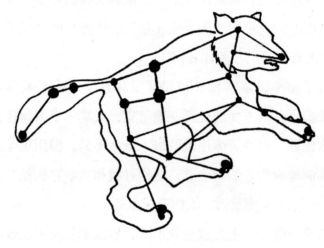

大熊座

　　"勺子七星"中最有趣的是开阳星，就是"勺子把"上三颗星星中间的那颗，它的旁边还有一颗很小的星星叫辅星。辅星是一颗很暗的星星，视力好的人用肉眼就能看见它。所以，古代招用兵的时候，常用这颗星来测试军人的视力。

我们前面已经提到过，将"勺子头"上的两颗星用一条直线连起来，再将这条直线向前延长5倍距离，就是北极星，所以这两颗星星又叫"指极星"。

北极星是小熊座的一颗星。小熊座和大熊座形状差不多，也是由七颗星组成"勺子"，所以小熊座也叫"小北斗"。不同的是，"大熊"的"勺子把儿"是向"勺子"底的方向弯，而"小熊"的"勺子把儿"是向"勺子口儿"方向弯；"大熊"的"勺子头"是口大底小，而"小熊"的"勺子头"是底大口小。

"织女"和"钻石"

夏季日落之后，在东北方向地平线上有一颗发着灿烂白光的明亮的星星慢慢升起，这就是织女星。7月、8月晚上10点钟左右，织女星正好在我们头顶的上空，这时候的织女星光彩夺目，特别引人注意。织女星是北半球上三颗最亮的星星之一，所以，找到织女星并不难，一是织女星发着夺目明亮的白光；另外，织女星的后面跟着四颗小星星组成的菱形是很明显的标志。我国的神话故事中说，这四颗小星星组成的菱形就是织女织布用的梭子。

太阳神的儿子——俄耳甫斯

　　织女星和四颗小星组成了天琴座。四颗小星是琴身，织女星是镶在琴头上的钻石。传说天琴是太阳神的儿子俄耳甫斯的乐器，俄耳甫斯能弹善唱，他的歌声和琴声能使飞禽走兽为之动情，能使江河湖泊断流。仰望星光缥缈的夜空，注视着那颗光彩夺目的钻石，你是否也能听到太阳神儿子的美妙琴声呢？

织女星是宇宙中一颗很亮的星星，它的发光能力比太阳大50倍，距离我们26光年。

腾云驾雾的"天鹅"

从织女星向东北望去，在银河当中有一个"十"字形的星座，这就是天鹅座，也叫"北十字架"。虽然它身处在银河当中，并且周围有很多暗星，但它那十分规整的"十字架"和"十字架"顶上的那颗亮星，会使你一眼就把它认出来。"十字架"顶上的那颗亮星叫"天津四"，是一颗白色的一等亮星。"天津四"在阿拉伯语中是"尾巴"的意思。把"天津四"当作天鹅的尾巴，顺着银河向南可以看到一串星，这就是天鹅的尾巴。在天鹅"身子"的两边距离差不多的地方各有一颗星星，这是天鹅的两个翅膀。如果你把周围的暗星也连进去，一只活灵活现、正在振翅高飞的天鹅就展现在面前了！

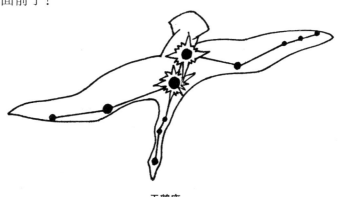

天鹅座

天鹅座因为有许多美丽的气体星云和黑乎乎的暗星云而出名。在天鹅的身子和西面那只翅膀之间有一块漆黑的地方，好像银河被挖了一个黑窟窿，这个"黑窟窿"就是有名的天鹅座暗星云。西方的一些船员把它叫作"装煤的口袋"，我们以后还要介绍它。

天上的"猎户"

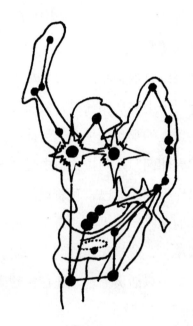

猎户座

冬季可以看到的最壮观的星座就是猎户座。猎户座是整个天空最壮观的星座。冬季的夜晚它位于星空的中心。人们把它想象成一个手持大棒和盾牌的威武猎人，正在面对一头倔强的"金牛"（金牛座），金牛正怒目圆睁，用锋利的长角向"猎人"冲刺。猎人的后面跟着一大一小两条狗（分别是大犬座和小犬座），也在对着金牛跃跃欲试。"猎户"的"猎物""天鹅"（天鹅座）被踩在脚下。

猎户座的亮星最多，而且这些亮星都是绚丽夺目，使人一看就赞美不已。这些美丽的亮星组合在一起，好像人工精心镶嵌在黑色天幕上的宝石图案。

猎户的腰部横着的三颗星被看成是猎户镶着宝石的腰带，竖着的三颗星是猎户的佩剑。佩剑的三颗小星中间的那一颗周围有一块青白色朦胧不清的云，用肉眼也可以隐隐约约看见，这就是著名的猎户座大星云。在腰带上三颗星最东面一颗星的旁边还有一个著名的暗星云——"马头状暗星云"。这些星云我们以后再介绍。

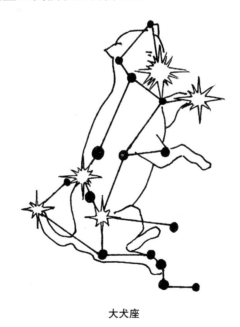

大犬座

夜空中的"霸王"天狼星

　　用一条直线连接猎户腰带上的三颗星，然后向东南方向延伸就会看到一颗发着青白色光、特别亮的星，这颗星星就是天空最亮的星——天狼星。

　　天狼星是大犬座的 α 星，它正好在"大犬"的"狗嘴"上。天狼星有一颗用肉眼几乎看不见的伴星，伴星的亮度只有天狼星的万分之一，也发白光。

●（四）给时间贴上"标签"——时间和历法

　　如果给你一大堆一模一样的东西，比如一堆颜色和形状完全一样的乒乓球，你如何把它们区分开呢？我想最好的办法大概就是给它们都贴上号码不同的标签。这样一来，只要一看标签，我们就很容易区分它们谁是谁了。再比如，城市的各条街道都差不多，为了便于区分它们，人们为每条街道都起了名字，并在街道边立上牌子，这样一来我们只要一看牌子马上就知道是哪条街道了。

　　时间是与我们生活密切相关的东西，我们不管是工作还是休息，每时每刻都在消耗着时间，一会儿也离不开时间。可是时间又是看不见摸不着的东西，它没有形状、没有重量，也没有气味。同时，每时每刻的时间都是一样的，昨天已经过去的时间和今天即将来临的时间没有区别，刚才的时间和现在的时间也没有什么区别。那么，我们用什么办法来说明和计量时间呢？比如这段时间有多长？这段时间是今天的、那段时间是明天的，等等。你可能说能不能给时间也贴上"标签"呢？可是，时间没有形状，它既不能像乒乓球一样把标签贴在自己身上，也不能像街道一样把牌子竖在街道两边。看来要区分时间还真得费点儿劲呢！

最好的"时间标签"——运动

我们知道，世界上的万物都是运动的，绝对静止的东西是没有的。比如，地球每时每刻都在绕着自己的轴——地轴自转，每天一圈儿，同时它又绕着太阳公转，每年转一大圈儿。当然，地球上的一切东西包括所有的花鸟虫鱼、高山大海、城市乡村以及我们人类，也都在跟着地球自转和公转。我们还知道，组成物质的原子、分子也都在一刻不停地运动。看起来世界上真没有一件"老老实实"待在一个地方的东西。所以运动是物质的本性，物质的运动停下来了，我们这个世界也就不存在了。

任何运动都需要时间，地球自转一圈儿需要一天的时间，地球公转一圈儿需要一年的时间；飞机从北京飞到广州需要两个小时，火车从北京跑到广州需20个小时，等等。所以，时间和运动是分不开的，时间看不到摸不着，但物体的运动是看得到摸得着的。所以，用某些物体的运动可以很好地表示和计量时间。比如，我们事先知道某一辆汽车每小时可以跑80千米，那么只要这辆汽车跑80千米的路程，我们就可以说时间过了一个小时了；如果这辆汽车跑了160千米，我们就知道时间过了两个小时了。其实，古代人创造了许多利用某些东西的运动来计量和表示时间的方法。比如我国古代劳动人民创造的"铜壶滴漏"就是利用水的流动来计算时间的仪器，通过观察漏出来的水的多少，就知道时间过去多少了。

小实验： 找一段粗一些的玻璃管儿和一些粗细均匀的细沙子。将玻璃管儿的中间在火上烧软，用大钳子把烧软的部分轻轻夹细，使中间留下一个正好能使沙子慢慢流过的小孔，然后把沙子从加工好的玻璃管儿的一端装进去，用软木塞子将玻璃管儿的两端塞紧，这样一个计量时间的工具就做成了。

沙漏与日晷

我们刚才在小实验中制作的东西叫"沙漏"，它是一种很简便的利用沙子的流动记时的工具。将你做好的沙漏有沙子的一端在上，竖直放在桌子上，让沙子慢慢地由上面流到下面，用钟表计下沙子由上往下流到全部流完的时间，这个时间多长，你做的沙漏就是多长时间的沙漏。通过调整沙子的多少和玻璃管儿中间小孔的粗细，就可以调整沙漏时间的长短。你可以根据需要随意调整。

沙漏这种计时工具虽然很原始，但因为它用起来很方便，所以现在仍然有很多人用它。比如我们焖米饭，时间短了米饭不熟，时间长了饭就容易烧煳，如果用钟表计时间，一忙起来很可能把开始的时间记错。如果用沙漏就很方便：把沙漏调整为正好焖一锅米饭的时间，做饭的时候把锅放在火上时，就把沙漏放上，等沙漏里的沙子全部流完了，就说明米饭熟了，关火端锅，一锅香喷喷的米饭就做成了。这个办法很好用，你不妨自己做个沙漏试试。

天然的"钟表"——太阳

用沙漏计时间虽然方便但不准确，并且每个沙漏都不一样，所以想用沙漏这样的东西在全世界建立统一的时间是不可能的。

人类很早以前就发现，太阳东升西落，天天如此，并且太阳的运动很规律。所以用太阳的运动计量时间就很方便。另外，人们都生活在一个地球上，所以无论在地球的什么地方，太阳的运动都一样，所以，利用太阳的运动计量时

间就非常标准，全世界都一样。当然，我们这里所说的太阳的"运动"，实际上是地球自转给人们造成的假象，是因为地球自转人们看上去好像太阳在动。人们把太阳到达天空的最高点开始，到太阳又回到天空的最高点为止，这段时间间隔就是"1天"。所以，我们平常说的1天就是地球自转一圈儿的时间。那么，一天是从什么时间开始的呢？根据人们日常生活的习惯，科学家们规定，太阳位于天空最低点的时候为一天的开始，这一点我们看不见，但我们可以想象出来，太阳由我们的头顶"转"到了我们脚底下的那一瞬间。太阳在这一点时，就是我们平常说的"半夜"，科学家们把这一点称为"零点"，也就是一天的开始。把1天平均分为24等份，每一份的时间间隔就叫作1小时；把1小时平均分成60等份，每一份的时间间隔就叫作1分钟；把每1分钟再分成60等份，每一份就叫1秒钟。

"这里是白天，那里是黑夜"——地方时与区时

我们知道，太阳位于天空最低点的时刻定为一天的开始，即零点，而太阳位于天空最高的一点为中午12点。因为观测地点的不同，所以对同一瞬间，在地球不同地方太阳的位置就不同。比如在我国北京太阳在天空最高点的时候，美国的某一地方太阳正好在天空的最低点，所以，在北京中午12点的时候，美国那个地方正好是午夜零点。这样在地球上不同经度的地方就有不同的时间。这种地球上各个地区，根据自己所在位置测得的时间就叫作"地方时"。

格林尼治天文台

我们还知道，地球上的经度线是从英国的格林尼治天文台所在位置算起的，通过格林尼治天文台的那条经线规定为零度线。为了统一全世界的时间，世界各国统一规定，在格林尼治天文台零度经线上观测的时间就叫世界时。

全世界各地如果都采用各自的地方时，就会使每个地方的时间很不一致，这样显然不行。但如果全世界都统一用世界时，在格林尼治正好午夜是零点，中午是12点。而在世界其他地方可能是午夜是20点，中午是8点，甚至有的半夜是12点而中午是零点，正好黑白颠倒。早晨6点的时候，格林尼治是旭日东升，其他地方有的可能是烈日当头，有的可能是繁星满天。这样显然不符合人们白天黑夜交替的习惯，所以也不行。为解决这个问题，世界各国统一规定，实行分区计时的制度。就是把世界上各地区按照所在经度的不同，平

均分成24个地区，经度每差15度为一个地区，这样的地区叫"时区"。在一个时区内，都统一使用在本时区中间那条经度线位置测得的时间，把这个时间定为本时区的标准时间。这样在地球的东西两个半球就各有12个时区。这种按时区确定的时间就叫作"区时"。

"北京时间"

一个国家采用什么时间，不仅受时区的限制，还受行政区域和法律的限制。我国幅员辽阔，从东到西横跨5个时区。中华人民共和国成立以后，我国政府规定，全国统一采用北京所在的东八时区的区时，这就是我们常说的"北京时间"。应该注意的是"北京时间"并不是在北京测得的时间，而是在120度经线位置测得的时间，两者还相差14.5分钟呢！

计量较长时间的工具——历法

我们已经知道了1天、1小时、1分钟、1秒钟是怎么回事。那么，更长的时间怎么表示呢？这就需要用历法。历法就是计量较长时间的方法。

地球、太阳和月亮是人们观察最多的东西，所以，根据它们的运动规律，人们规定了日、月、年的长度。

我们前面讨论过，1天就是地球自转一周所用的时间；月亮有圆有缺，月亮的一次圆缺所用的时间就叫1个月。月亮正圆时叫"望"，月亮完全看不见时就叫"朔"，所以，这样的"月"又叫"朔望月"；地球除了自转之外还在绕着太阳公转，地球绕着太阳公转一圈儿所用的时间就是1年。因为1年是地球转一圈儿又回来所用的时间，所以这样的年又叫"回归年"。

月亮的圆缺和地球的自转没有关系，所以1个朔望月的长度不是整天整日，而是29.530 6天；地球的公转与地球的自转也没有什么关系，所以1个回归年的长度也不是整天整日而是365.242 2天。显然1个朔望月和1个回归年都不是整天。但人们不习惯1个月或1年中还有"半天"的存在，所以就要求在制定历法的时候对这些"半天"进行处理，不同的处理方法就产生了不同的历法。

月亮的历法——阴历

阴历是根据月亮的圆缺变化规定的历法，月亮圆缺一次为1个月，12个月为1个阴历年。因为阴历一个月平均只有29天多，所以每个阴历年只有354天多一点儿，与回归年相差10多天。季节的变化是与地球的公转相联系的，所以阴历年中的季节日期逐年往后推，月份与季节严重脱节，根据阴历的月份根本无法知道是春季还是夏季。所以阴历只在少数几个信奉伊斯兰教的国家使用，多数国家已经不用了。

太阳的历法——阳历

因为地球的公转，我们地球上的人看上去好像太阳在天空移动，所以根据太阳一年当中在天空的移动而规定的历法就叫阳历。阳历的1年和1个回归年大致相等，阳历也把1年分成12个月，但这个"月"与月亮没有任何关系，只是借一

个名罢了。阳历能准确反映四季的变化，所以它是现在世界上通用的一种历法。

我们现在使用的公历就是阳历的一种，它规定1年为365天，1年分为12个月。其中，1月、3月、5月、7月、8月、10月、12月为31天，2月为28天或29天，其他每月为30天。因为回归年的长度为365.242 2天，而公历规定每年365天，所以每隔4年大概要差1天。因此，每4年有1个闰年，闰年的2月是29天，全年为366天。

阴历和阳历的结合——农历

农历是我国古代人民创造的一种历法，它是把阴历和阳历结合起来的一种历法，所以又叫"阴阳历"。阴历能很好地反映月亮的圆缺，阳历能很好地反映四季的变化，农历则把它们的优点很好地结合起来。农历的1个月为29天或30天，大月30天、小月29天。农历的1年也大致采用1个回归年的长度，这样一来就保持了农历各个月与季节的变化大致一样。但是，1个回归年的长度分成农历的月是12个月多一点儿，13个月差一点儿，所以农历就采取闰月的办法来解决，即有的年份12个月，有的年份加1个闰月变为13个月。这样一来就使得农历的年与回归年不会相差很多了。

四、测量宇宙

我们经常听科学家们讲：哪个星星离我们有多远，哪个星星有多重，哪个星星的亮度是多少，哪个星星的温度有多高，哪个星星是由什么物质组成的……

星星离我们这么遥远，人类现在还没有能力飞到星星上去进行测量、化验。那么，科学家们是怎么知道这些的呢？

●（一）星星有多少"瓦"——天体光度的测量

在家里我们最常用的照明工具就是灯泡，也叫白炽灯。平常我们衡量灯泡是亮还是不亮，就看它有多少"瓦"，也就是看它的功率有多大。那么，挂在天上的星星是多少"瓦"呢？哪颗"瓦"数大，哪颗"瓦"数小呢？你可能说：哪颗星星亮，哪颗星星的"瓦"数就大；哪颗星星暗，哪颗星星的"瓦"数就小。这样回答可能过于简单了。还是让我们看看科学家们是怎么做的吧！

天上的星星有多亮呢

亮的不一定真亮，暗的不一定真暗

是不是天上的星星，哪个看上去亮，它的发光本领就强，"瓦"数就越大；哪颗看上去暗，它的发光本领就弱，"瓦"数就越小呢？这种认识是不正确的。我们不妨先做个小实验看一下。

小实验：找两支完全一样的蜡烛，在没有月光的晚上，选一个没有其他灯光干扰的地方，把两支蜡烛同时点着，这时你看到的两支蜡烛的亮度基本上是一样的。然后，把其中的一支蜡烛放在原地，手持另一支蜡烛走30~50米，这时再看两支蜡烛，你就会发现，手里拿着的蜡烛比放在原地的蜡烛亮得多。

离我们远的看上去就会暗些

在上面的实验中，显然两支蜡烛的发光本领基本上是一样的。那么，为什么把它们分开以后，我们看上去离我们近的蜡烛，要比离我们远的蜡烛亮得多呢？这说明，看一个会发光的东西是"亮"还是"暗"，不仅和它的发光本领有关，同时还与它距离我们的远近有关。离我们越近，看上去就越亮；离我们越远，看上去就越暗。

天上的星星也一样。我们看上去很亮的星星，发光的本领不一定大；我们看上去很暗的星星，发光的本领不一定就小，这要看它们离我们的远近。

科学家们把天体发光的本领叫作"光度"。光度反映的就是宇宙中天体发光的能力，相当于我们平时说的灯泡瓦

数的大小。物体的发光能力越强，光度就越大；发光能力越弱，光度就越小。

科学家们把我们在地球上所看到的天体的明暗程度，叫作"亮度"。显然，天体的亮度并不能真正反映它真实的发光本领，只表示我们看上去它是"亮"还是"暗"。所以，天体的亮度也叫"视亮度"。

古希腊人把星星的亮度分为6等。最亮的为1等，用肉眼能看到的最暗的恒星为6等。这就是科学家们常说的"星等"。星等反映的就是星星的亮度，亮度越大，星等数越小；亮度越小，星等数越大。1等星比6等星亮100倍。后来人们就以此为标准，把比1等星还亮的星称为0等、负1等，依次类推；比6等星还暗的星称为7等、8等，依次类推。比如，金星最亮时可达负4.4等。如果给太阳也标上星等的话，太阳的星等是负26.7等。

"放在一起比一比"——绝对星等

即然我们用眼睛看到的亮度，不能反映星星的真正发光本领——光度，那么如何测量星星的光度，知道星星真正的发光能力呢？科学家们为此想出了一个叫绝对星等的办法。什么是绝对星等呢？举个例子讲：晚上你走在大街上，望着远远近近的灯光，它们有的看上去亮，有的看上去暗。但是因为这些灯光离你的远近不一样，到底哪一个真亮，哪一个真暗，你无法弄清楚。放在你书桌上15瓦的台灯，看上去肯定比远处的500瓦的路灯还亮。假如我们能把这些灯弄到一起，放在与你的距离相同的地方，你马上就可以比较出来，到底哪一个亮，哪一个暗了。

天上的星星也一样。因为它们距离地球的远近不一，从地球上看去的亮度和星等，不能反映它们的真正的发光能力。于是，科学家们把星星放在假设的距离地球相同的位置去，然后再看它们的亮度和星等，这个时候的亮度和星等就可以真正对比出，谁的发光本领大，谁的发光本领小了。这时的星等就叫作"绝对星等"。为了使绝对星等准确、统一，科学家们把假设的距离定为1秒差距即3.26光年。所以，可以这样讲：绝对星等就是假设星星在距离地球3.26光年的位置，从地球上看上去的星等。

绝对星等反映的是星星的光度，即星星的发光能力。绝对星等的数字越小，星星的发光能力就越强。只要我们知道星星与我们的距离，然后测出它的亮度或星等，我们就可以计算出它的绝对星等，也就知道它的光度了。

恒星的光度相差很大。有的恒星的光度比太阳大几十万倍。我们非常熟悉的北极星的光度是太阳的5 900倍，如果把北极星放在太阳的位置，我们地球上的温度就会达到1 900摄氏度，简直就成了一座炼钢炉！

上面我们介绍的测量恒星光度的方法，事先必须知道恒星与地球间的距离。其实，对大部分恒星来讲，是先知道它的光度，然后才知道它与我们的距离的。那么，在事先不知道距离的情况下，如何知道恒星的光度呢？科学家们自有办

法。我们在下面讨论如何测量天体距离的时候，再作介绍。

●（二）"量天"——天体距离的测量

宇宙天体之间的距离、宇宙天体到地球的远近，是我们掌握天体特性的基本数据。但是，测量天体之间的距离实在是太难了。原因很简单，我们没有办法进行实地测量。在地面上测量距离，很容易做到。较短的距离我们可以用皮尺直接量；较远的距离我们可以用经纬仪测；两个城市之间的距离，如果不要求太准确的话，用汽车跑一趟，汽车里程表走得的数字，就是两个城市之间大致的距离。但是，要测量天体之间的距离，在地面上用的这些"招数"就都用不上了。

为了准确测量天体之间的距离，科学家们想了许多巧妙有趣的办法。

两只眼睛的妙用——三角视差法

如果有人问你：你为什么长两只眼睛？你可能会回答他：长一只眼睛不就成了"独眼龙"、丑八怪了。其实这样回答太简单了。人类经过上千万年的进化，身上的每一个零件都有它的妙用。人们长两只眼睛，不仅仅是为了好看，而且有它更大的用处。

小实验：闭上你的一只眼睛，向前走，伸直手去摸远处的东西，看能不能很准确地摸到。

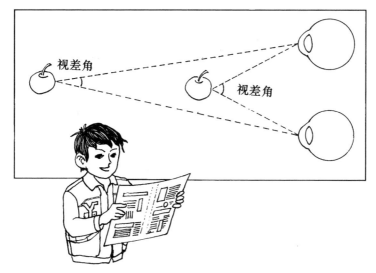

两只眼睛很容易辨认东西的远近

  通过上面的小实验，你就会发现，闭上一只眼睛去摸远处的物体很不准确。为什么呢？因为一只眼睛看物体时，你不能准确地判断物体的远近。当两只眼睛看同一件物体时，因为左右两只眼睛之间有一定距离，两只眼睛看同一件物体的视线总有一定的差别，这个差别就叫"视差角"。同一件物体，离我们越近，视差角就越大；离我们越远，视差角就越小。我们人类的大脑就是通过分析视差角的大小，来判断物体的远近距离的。看来人的眼睛妙就妙在两只眼睛分开一段距离，并且两眼的距离越大，看物体就越准确。但是，人的两只眼睛的距离毕竟有限，只有6～7厘米，当物体距离我们很远时，视差角很小，我们就很难判断它们的远近了。比

如，放在桌子上的两只苹果，你很容易看出哪个在前，哪个在后。但是，把这两只苹果挂在500米远的一棵树上，你就分不清谁前谁后了。至于天上的星星，我们的眼睛就更分不清远近高低了。

怎么测量从地球到月球的距离呢？

科学方法能解决许多看似不可能的问题

既然视差角越小，距离越远；视差角越大，距离越近。那么，想办法用离得很远的两只"眼睛"去观察同一个天体，然后测出它的视差角，不就知道它们的距离了吗？科学家们就是利用这个原理来测量天体距离的，这种方法叫作"三角视差法"。他们选两个离得很远的点，比如一个点选在北京，另一个点选在美国纽约，然后在这两个地方测量同一个天体，比如月亮，就会产生视差角，根据视差角的大小和北京与纽约之间的距离，就可以计算出月亮到地球的距离。

实际上，科学家们在测量的时候，并不真跑到纽约去测量，而是利用地球的自转，在同一地点间隔12小时各测一次，因为12小时地球正好转半圈儿。先测一次，等地球自转半圈儿后再测一次，虽然我们感觉测量地点没有变，但相对于我们要测量的星球来讲，两次测量不在同一个地点。如果测量的地点在地球赤道上的话，就等于在相距地球直径那么长距离的两个地点，测量同一天体。然后根据测量的视差角和地球的直径，就可以计算出天体间的距离了。

三角视差法测量天体距离

利用这种办法，科学家们测得了地球到月球的距离是38.48万千米，地球到太阳的距离是1.496亿千米。

利用相距地球直径这么远的两只"眼睛"，测量太阳、月亮到地球的距离还可以，但测量更遥远的星球就不行了。因为，地球的直径相对于我们人类的活动范围来讲，的确是很长很长的距离；但是，相对于星星到我们的距离来讲简直太小了。所以这两只"眼睛"的距离还是太短，视差角太小，没有办法测量准确。于是，科学家们继续想办法，用相距更远的两只"眼睛"，观察测量其他星球的距离。科学家们想到了地球的公转。所谓地球的公转就是地球绕着太阳转"大圈儿"。

我们已经知道，太阳到地球的距离大约是1.5亿千米。那么，地球公转轨道的直径就是1.5亿千米的两倍，大约是3亿千米。在地球上同一地点，先测量一次，过半年之后再测量一次，因为半年地球正好绕着太阳转半圈儿，就等于用相距3亿千米的两只"眼睛"观察同一天体，用这个视差角和地球轨道直径就可以计算出天体的距离。

科学家们把通过上面的方式，测得的视差角为1秒的天体距离，叫作"1秒差距"。秒差距是表示宇宙天体距离的单位，1秒差距大约等于3.26光年。

离我们最近的恒星叫"南门二"，也叫"毗邻星"。它好像是我们太阳系的"南门"，也可以说是我们最近的"邻居"。但是，就是这个最近的"邻居"距离我们也有1.33秒差距，即4.34光年那么远，并且视差角已经小于1秒。所以，用三角视差法，只能测量离我们很近的少数星星的距离。科学家们认为，用三角视差法只能测量距我们小于100秒差距，即326光年以内的星星，再远的星星，用三角视差法就不灵了。想想看，离我们100秒差距的星星，它的视差角只有1／100秒，如果距离再远，视差角再小，就很难测量出来了。我们不妨做个实验，看看1／100秒有多小。

小实验： 找一张尽量大一些的纸，在上面用圆规画一个尽量大的圆。然后，用量角器将圆均匀地分成360等份，这一份就是1度；把1度分60等份，这时的一份是1分；再把1分分成60等份，这时的一份是1秒……还能再分吗？如果能继续分，把1秒分成100等份……可能已经很难再继续分下去了。

从上面的实验可以看出，1／100秒是一个很小很小的数量。比1／100秒再小的视差角，再精密的仪器也测不出来了。所以，离我们的距离大于100秒差距的星星，就不能用三角视差法进行测量了。

相同的"蜡烛"

距离我们在100秒差距之内的星星，只是很少一部分。那么，大量的距离我们较远的那些星星，如何测量它们的距离呢？不要着急，科学家们自有办法。

再远的星星我也知道离地球有多远

前面我们在谈到天体光度的时候已经讲过：发光本领相同的星星，距离我们越近，看上去越亮；距离我们越远，看上去越暗。如果我们事先知道天体的光度，我们就可以实际测量到它的亮度，不就可以计算出它的距离了吗？

利用这个道理，科学家们先选一些距离比较近的恒星，然后用三角视差法，准确测量出它距地球的距离，再根据它们的亮度计算出它们的光度。因为，类型相同的恒星，它们的光度也大致应该是一样的。那么，发光本领差不多的这一类恒星，就好像一捆大小一样、发光能力也一样的蜡烛。虽然它们因为距离不一样，看上去亮度不一样，但实际上它们的发光本领即光度是一样的。这个光度，科学家们叫作"标准烛光"。

有了标准烛光，只要在这一类恒星中，有一颗能用三角视差法，测量出它的距离来，其他恒星都可以按照"近的亮，远的暗"的道理，通过实际测量它们的亮度，计算出它们的距离来。

相同的"条形码"

你知道了吧！天上的星星还真不一样呢

　　前面我们讨论了，用"标准烛光"测量天体距离的方法。这种方法的关键是，要确定某一些恒星的光度是相同的。这些恒星距离地球的远近不一，看上去的亮度各不相同。那么，如何判断它们发光的本领，也就是光度是一样的呢？

　　我们知道，恒星都能发光。我们也知道，光是一种人的眼睛可以看见的电磁波。频率和波长不一样，光也就不一样。那么，一颗恒星是不是能发出各种各样的光呢？不是的。科学家们经过研究发现：每颗恒星总是固定地向外发射几个频率和波长的光。如果用三棱镜把这些光分开，就会形成一个个明暗相间的条纹，很像商店里商品上贴的条形码。这种恒星的"条形码"就叫"恒星光谱"。就像商店的每类商品都有自己的条形码一样，每类恒星也都有自己固定的光谱。进一步研究发现，恒星的光谱与它的发光本领有直接关系，光谱相同，发光的本领即光度就大致相同。恒星的光谱比较容易测得，这样，对某一类光谱相同的恒星来讲，只要我们计算出其中一个的光度，其他的光度也就都知道了。这样，再按照我们前面讨论过的"标准烛光"的办法，就可以计算出这些恒星的距离了。

　　这样，利用恒星的"条形码"——光谱，就可以测量出那些用三角视差法无法测量的更遥远恒星的距离了。可以这样讲，只要能够测量到光谱的星星，我们都能用这种办法，测量出它距地球的距离。科学家们用这种办法，可以测量出距离我们10万秒的差距，即32.6万光年之遥的恒星的距离。

那么，比32.6万光年更远的恒星，怎么测量它们的距离呢？科学家们又找出了新的办法。

量天的"鬼灯"——"造父变星"

神话传说了有一种"鬼灯"。据说这种灯，恍恍惚惚、忽明忽暗。这是一种迷信，不可信。世上根本就没有鬼，更没有什么"鬼灯"。但广袤的宇宙中，还倒真有和"鬼灯"相似的东西，它就是"造父变星"。

古神话中的"造父"

造父，是中国古代一个特别善于赶马车的人。据说他驾驭的马车既快又稳，能够日行千里。传说造父后来成了神，变成了天上的一颗星星，这颗星星就叫"造父星"。后来，科学家们发现，造父星是一颗变星，就又称它为"造父变星"了。

什么是变星呢？宇宙中的恒星多数都是非常稳定的，光度、亮度几千万年，甚至几亿、几十亿年都没有什么变化。但有一种恒星，非常有趣，它的亮度会变，一会儿亮，一会儿暗，并且变得非常有规律，呈周期性变化。有的几天变一次，有的十几天变一次，这种恒星就叫"变星"。造父变星是发现最早的一颗变星，后来科学家们干脆把这类星星统统称为"造父变星"。所以，"造父变星"指的不是某一颗星星，而是指的一类亮度呈周期变化的星星。经过进一步的研究，科学家们发现，造父变星的发光本领即它的光度和它的变化周期有关系，周期越长，光度越大。造父变星的变化周期很容易测量。所以，测量出造父变星的周期，就可以计算出它的光度，有了光度，再通过测它的亮度，就可以计算出它与地球的距离了。

这样，通过造父变星，就可以测量出那些非常遥远，连光谱都无法测量的天体的距离。用造父变星，测量的距离可以扩大到100万秒差距，即326万光年。特别值得一提的是，科学家们通过造父变星，已经计算出了一些远在银河系之外的宇宙天体，这使人们对宇宙有了更深刻的认识。因此，造父变星获得了"量天尺"的美名。

测量更远的距离

通过上面的一些方法，可以测量的距离已经远远超出了银河系的范围。我们知道，银河系之外还有很多很多与银河系差不多的星系，科学家们把它们统统称作"河外星系"。

那么，河外星系的距离是如何测量的呢？

科学家们认为，河外星系都是与银河系类似的星系。既然相类似，那么河外星系中最亮恒星的光度，应当与银河系中最亮恒星的光度差不多。这样，可以通过测量银河系中最亮恒星的光度，推断出河外星系中最亮恒星的光度，由河外星系中最亮恒星的光度，就可以计算出这颗恒星，以及这颗恒星所在的星系的距离了。测量距离的方法叫"最亮恒星法"。

宇宙中还有一种恒星，叫作"超新星"。超新星是恒星发生爆炸的产物，各个星系中都有这种超新星。科学家们认为，各个星系中超新星爆发时的光度差不多。这样，知道了银河系中超新星爆发时的光度，就可以推断出其他星系中超新星爆发时的光度。这样就可以计算出，银河系外的超新星以及超新星所在星系的距离了。这种方法叫作"超新星法"。因为超新星爆发时的光度非常大，所以，超新星法可以发现和测量更遥远的恒星和星系。这种方法，可以把天体测量的距离扩展到1亿秒差距。所以，超新星法是目前发现距离我们非常遥远的河外星系的一个主要方法。

● （三）给星星称"体重"——天体质量的测量

天上的星星都是一些"大家伙"，一颗小小的恒星也有几百万甚至上千万个地球那么大，什么样的秤也称不了它

们。那么，这些大家伙的质量是怎么知道的呢？不要急，我们先做个小实验看看。

　　小实验：找一块小石头或者小砖头之类的重一些的东西，再准备一条结实的绳子，把小石头或小砖头牢牢地捆在绳子的一头儿，抓紧绳子的另一头儿，用力甩，让重物绕着你的手转起来。这时你会感觉到重物对你的手有一个很强的拉力，好像它要挣脱出去。重物的质量越大、绳子越长、转得越快，这种拉力就越大。

转速越快，拉力越大

　　上面的实验中重物对手的这种想"挣脱"出去的拉力，叫离心力。任何东西，绕着圆周转圈儿的时候，都有离心力。所以，要想让一件东西绕着圆周运动，就必须用与离心力相等的一种力把它"拽"住。比如上面的实验中我们用绳子的拉力，把重物拽住，使它保持平衡，否则离心力就会使它"飞"出去。知道了这些，我们就可以开始为天体们测量"体重"了。

"称"太阳

我们已经知道，任何东西做圆周运动的时候都会产生一种离心力，要想让一件东西做圆周运动，就必须用与离心力相平衡的一种拉力把它"拽住"，否则它就会飞出去。我们也知道，地球在绕着太阳转，它肯定有离心力。太阳和地球之间没有绳子连着，那么，太阳是用什么"神力"紧紧地把地球"拽住"，使它不至于"逃跑"呢？这种"神力"就是宇宙中存在的"万有引力"。

任何物体间都存在万有引力

　　原来，宇宙中任何物体之间都有一种互相吸引的力，这是物质的一种本性，这种互相吸引的力就叫"万有引力"。万有引力的大小与两个物体的质量总和有关系，两个物体的质量加起来越大，引力也越大；万有引力还与两个物体之间的距离有关系，距离越大引力越小。我们之所以不会从地球上掉下去，就是因为地球用引力把我们紧紧"吸引"住的缘故。

　　太阳就是靠万有引力，让地球"老老实实"地围着它转的。只要知道了地球与太阳之间的距离，知道地球绕太阳转一圈儿所用的时间，我们就可以计算出它们之间的引力；知道了引力，我们就可以进一步计算出，太阳和地球加起来的质量之和是多少。对我们人类来讲，地球好像很大；但与太阳相比，地球太微不足道了，简直就是一粒芝麻和一个西瓜，地球的质量完全可以忽略不计。这样，我们计算出来的地球和太阳的质量之和，可以认为就是太阳的质量。

"称"星星

　　幸好太阳有一个地球绕着它转，我们通过它们之间的关系，计算出了太阳的质量。但其他许多星星并没有"地球"，即使有的恒星也有像地球一样的行星，可因为行星不会发光我们也看不见。那么，怎么才能知道其他恒星的质量呢？

　　真是，"天无绝人之路"。宇宙中的恒星多半是"双星"。什么是"双星"呢？原来，宇宙中的恒星一大半不是"单身"，而是一对一对的"夫妻"星，有的甚至是"子孙满堂"，几个、十几个在一起。它们之间也相互围绕着转动，这样我们就可以用测量太阳质量的办法，测出恒星的质量。

另外，科学家们还发现，恒星的质量与它的光度有关系。只要知道了恒星的光度，就能计算出恒星的质量。用这种办法可以测量出那些"单身"恒星的质量。

●（四）探测宇宙天体奥秘的"金钥匙"——恒星光谱

我们已经知道，利用恒星的光谱，就可以知道恒星发光的本领，也就是光度，通过光度就可以计算出恒星距地球的距离。

利用恒星光谱不仅可以测量出恒星的光度和距离，还能知道恒星的许多秘密，恒星光谱的用处可大着呢！我们前面说过，光谱是恒星的"条形码"。实际上，还真是这么回事。商品的条形码，可以反映这件商品的许多特性，比如商品的类别、产地、品牌、生产日期、价格等。恒星的光谱也一样，它能反映恒星的许多特性。所以，我们不妨对天体的光谱进行一番详细的研究。

"完美无缺"的"废物"——连续光谱

一般来讲，完美无缺的东西肯定是好东西，但对光谱来

讲就不是那么回事了。

　　我们已经知道，光谱就是用三棱镜将物体发的光分开形成的一条光带。我们还知道，可见光一共有红、橙、黄、绿、青、蓝、紫七种颜色。如果光谱中这七种颜色按照顺序连续排列下来，一样不少，这样的光谱就叫作"连续光谱"。反过来讲，各种各样的光都有的光谱就是连续光谱。科学家们经过研究发现，无论什么样的物质，在温度很高的情况下产生的光谱都是连续光谱。因此，通过连续光谱，我们弄不清楚到底是什么东西发的光。所以，虽然连续光谱看起来五光十色非常漂亮，但对研究探索宇宙奥秘的用处却不大。

物质的"商标"——发射光谱

　　有一种光谱，它看上去与连续光谱不一样，不是一条漂亮的彩色光带，而是在黑暗的背景下不连续的几条亮线，这种样子的光谱叫"发射光谱"。因为发射光谱是由几条亮线组成的，所以科学家们也把它叫作"亮线光谱"。发射光谱的"亮线"，就叫作"谱线"。那么，"谱线"能告诉我们什么呢？我们做个小实验看看。

　　小实验：准备一盏酒精灯、一段细铁丝和一点儿食盐水。将酒精灯点着，用细铁丝蘸一点儿食盐水，放在酒精灯上去烧。这时我们可以发现，酒精灯的火焰由原来的白色明显变黄。

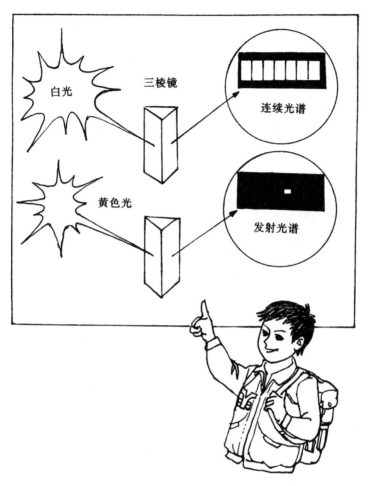

白光

三棱镜

连续光谱

黄色光

发射光谱

光谱可以告诉我们许多科学秘密

为什么在上面的实验中，酒精灯的火焰会变黄呢？原来，这是食盐中的钠捣的"鬼"。我们知道，我们日常炒菜用的食盐是由钠和氯两种元素组成的，其中钠的蒸气可以发出黄色的光。所以，当我们把沾有食盐水的铁丝放在酒精灯

上去烧的时候，食盐中的钠就会变成蒸气，发出黄色的光，使酒精灯的火焰变黄。经过科学家们的研究发现，各种金属的蒸气和一些稀薄的气体，在高温或电激的情况下，都会发光。但是，它们发出的光不是白光，而是固定的一种或几种颜色的光，什么样的金属或气体发什么颜色的光是固定不变的。在玻璃管子中装进稀薄气体，通电后就会发出色彩艳丽的光，装进的气体不同，发出光的颜色就不同。霓虹灯就是根据这种原理制作的。

我们已经知道，白光是由各种颜色的光混合以后的光，把白光分开形成的光谱是一种连续光谱。而金属蒸气和稀薄气体只能发出一种或几种颜色的光，所以这种光的光谱不可能连续，只能是几条"亮线"。科学家们研究发现，各种物质在变成气体状态的时候，都有固定的谱线。谱线就好像物质的"商标"一样，只要发现了某种谱线，就可以知道某一种物质的存在。利用这个原理，通过分析恒星发出的谱线，就可以非常准确地知道这颗恒星上有什么物质。这种方法就叫"光谱分析"。

物质的"魔影"——吸收光谱

变成气体状态的物质，非常有意思，不仅可以发射出明线光谱，而且当白光通过它的时候，它可以"吃掉"一部分光，并且它"吃掉"的光与它在高温下发射的光的种类相同。比如我们前面讲过的钠，它的蒸气在高温下可以发射出黄颜色的光，在低温下"喜欢吃"的也是黄颜色的光。这样，在白光的连续光谱上，原来黄色光的位置就会变成一道暗纹。显然，这种暗纹是白光被"吃掉"一部分后，剩下的"窟窿"。也就是说，暗纹是白光被吸收掉一部分后形成的。所以，这种暗纹就叫"吸收光谱"。

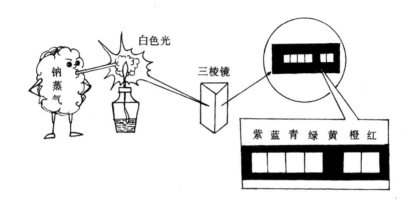

物质的"魔影"——吸收光谱

同发射光谱一样，各种物质都有自己固定的吸收光谱。它是物质制造的魔影，能反映出制造这种魔影的物质的"模样"。所以，通过吸收光谱也能知道恒星上有什么物质。太阳光主要是从太阳的内部发出来的，这种光本来是白光，但在经过太阳外面厚厚的大气层时，有一部分光被太阳大气"吃"掉了，在光谱上被"吃"掉的那部分光就变成了"黑窟窿"。这些"黑窟窿"就是太阳大气的吸收光谱，通过这种光谱我们就可以知道，太阳大气中主要是些什么物质。

光谱的"本领"

光谱的本领可大了。通过光谱不但可以知道天体发光的本领、天体是由什么物质组成的，而且还可以知道天体的温度、天体里面的压力、天体的质量，等等。所以，光谱真是一把探测宇宙奥秘的"金钥匙"。以后，我们在向大家介绍太阳、恒星的时候，还会给大家介绍光谱。

五、认识宇宙

宇宙以它独有的博大和神秘，吸引着一代又一代的科学家去探索、去追求。经过几千年的积累，特别是近几十年来，在空间技术的推动下，宇宙学的研究有了突飞猛进的发展，人们对宇宙的认识也在逐步深化。

●（一）从"阿尔法"磁谱仪谈起——宇宙中有什么东西

1998年6月8日，美国的"发现号"航天飞机，带着一台特殊的仪器飞向太空。这台特殊的仪器，就是美籍华裔博士丁肇中先生主持设计和制造的"阿尔法"磁谱仪。说这种仪器特殊，是因为它是人类第一次发射到太空去寻找反物质的仪器。这是一次具有挑战性的实验，如果实验取得成功，人类对宇宙的认识，将会取得突破性的进展。

那么，宇宙是由什么样的物质构成的呢？反物质又是怎么回事呢？

华裔科学家丁肇中博士

宇宙物质中的"萝卜白菜"——看得见的物质

宇宙中有多种多样的物质，丰富多彩的物质使宇宙异彩纷呈，神秘无限。这些物质中的大部分我们人类还不了解。目前，我们知道最多的就是"看得见的物质"。比如，地球上的物质都是看得见的物质，月球、太阳、天上我们已经发现的恒星等，也是由看得见的物质组成的。这些看得见的物质像"萝卜白菜"一样平常，我们的生活一刻也离不开它们。

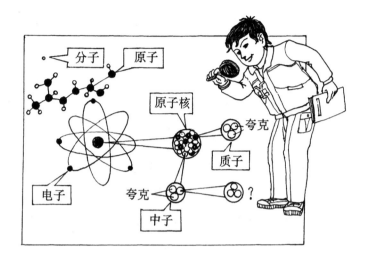

还能再分下去吗

看得见的物质都是由质子、中子和电子组成的。如果我们把绚丽多彩的物质比作高楼大厦的话，质子、中子和电子就是建造这些高楼大厦的砖、瓦、水泥、沙子、钢筋。不管我们看见的物质多么稀奇古怪，不管是高山还是大海，也不管是植物还是动物，它们都是由这三种东西组成的。所以，科学家们把这三种东西叫作基本粒子，意思是说，它们是组成物质的最基本、最微小的东西了。不过，没过多久，科学家们就又发现这些所谓的"基本粒子"，并不是组成物质最小的东西，它们还是可分的，还有比它们更"基本"的粒子呢。但是，既然已经把它们叫"基本粒子"了，名字就不便改了，后来发现的比

"基本粒子"还小的粒子，就叫"粒子"。所以，"粒子"实际上比"基本粒子"还要小一个辈分。

质子、中子和电子共同组成原子。质子和中子紧密地结合在一起，构成原子核。电子像地球围着太阳转一样，绕着原子核转，这就是一个原子。质子、中子和电子的数量不同，组成的原子也就不同。比如，氢是由一个质子、一个中子和一个电子组成的，它是最简单的原子。如果原子中有两个质子、两个中子和两个电子，这就是另一种东西"氦"了。原子和原子结合在一起，就构成了分子。不同的原子结合在一起，就会形成不同的东西。比如，一个氧和两个氢结合在一起就是水，而一个氧和一个钙结合在一起就是石灰。很多分子"堆"在一起，就是我们日常接触的东西。

简单的三种基本粒子，组成了丰富多彩的物质世界。这就好像城市里的楼房一样，每栋楼和每栋楼都不一样，但建造这些楼房的砖、瓦、水泥、沙子和钢筋都是一样的。物质世界真是既复杂又简单。

宇宙中最多的东西就是氢和氦，它们两个占了99%，其他100多种仅占1%。为什么氢和氦这么多呢？这可不是偶然的，它说明了很多问题，我们在其他地方再作介绍。

主宰宇宙的"幽灵"——暗物质

我们知道，万有引力是物质之间相互吸引的力，它的大小与两个物体之间的距离有关系，距离越大引力越小。银河系的核心对银河系内的天体都有引力。按照上面的道理，离银河系的核心很远的"边远地区"的天体，受到的引力肯定小。但是，实际的测量结果却不是这么回事。科学家们发现，银河系边缘的天体，受到的引力并不小。这是怎么回事呢？因为万有引力与质量也有关系，质量越大引力也越大。既然距离大了引力却不变小，肯定是随着距离的增大，质量也增大了。但是，我们知道，银河系的边缘几乎没有什么东西。那么，增大的质量是从哪里来的呢？于是，科学家们猜测，在银河系的边缘存在着大量我们看不见的物质，因为这种物质看不见，科学家们就叫它"暗物质"。人们还对银河系以外的星系进行研究，也有相同的结果。这就说明，宇宙中可能有很多我们看不见的暗物质。科学家们估计，这些暗物质要比看得见的物质多得多，它们的数量可能是看得见的物质的十几倍、数十倍甚至上百倍，它们才是物质世界的主宰。

近年来的大量观测证明，科学家们的猜测是正确的，宇宙中的确存在大量的暗物质。那么，这种主宰物质世界的"幽灵"究竟是些什么东西呢？科学家们认为，暗物质要比看得见的物质复杂得多。它们有很多种类，其中的一小部分与我们看得见的物质一样，是由质子、中子和电子组成的，如死亡的恒星、小的黑洞、星际气体、星系的残骸等。这部分暗物质虽然和看得见的物质一样，也是由质子、中子和电子组成的，但因为它们都死寂了，不再发出什么信息，所以我们很难观测到它们。这些只是暗物质的一小部分，而大部

分的暗物质是由一些特殊的粒子组成的。人们对暗物质的探索，还仅是刚刚开始，这个神秘"幽灵"的面纱，还有待我们去揭开。

神秘的反物质世界

我们这个世界中最有趣的现象就是对称。比如，有男就有女，有正电就有负电，有阳极就有阴极等。那么，与物质相对称的是什么呢？那就是反物质。科学家们认为，在宇宙开始的时候，同时产生了数量相等的物质和反物质，在我们的世界之外还存在着一个与我们完全相反的"反物质世界"。反物质世界是什么样子的呢？我们在下面可以做个实验，从感性上认识一下。

小实验：找一面大镜子，在一张白纸上写一个"人"字，然后用右手拿着这张白纸站在镜子前，仔细观察镜子里的影像。

认真观察你就会发现，镜子里白纸上的字不是"人"字，而是"入"字；镜子里的白纸是在人的左手中，而不是右手中，这说明物体与镜子影像都是反过来的。根据这个道理，科学家们认为，反物质就是物质的影像，是与物质相对称的，它也是客观存在的实体，只是因为它们在另一个世界里，我们目前还没有办法发现它们罢了。

如果真的有反物质世界，那里一定非常有趣。在那里，你要到东边去，必须向西走；如果想往墙上钉钉子，必须对准墙往外拔；而要拔出墙上的钉子，就必须用力往里砸。

其实，反物质世界并不是特别古怪，它是由反粒子组成的世界。比如，我们这里的电子带负电，反物质的电子带正电；我们这里的原子核带正电，反物质的原子核带负电。物质与反物质之间的关系可谓古怪。我们在数学中学过，一个正数与一个绝对值相等的负数相加等于零，比如，正1加负1等于0。物质与反物质相遇也会化为"零"，它们一相遇就会消失得无影无踪，这种现象被科学家叫作"湮灭"。伴随着物质和反物质的湮灭，会释放出巨大的能量，这种能量比核爆炸的能量还要大得多。

物质与反物质相遇就会消失

　　科学家们已经在实验室里"制造"出了反物质。比如1996年，欧洲核子研究所的科学家们，就"制造"出了9粒反氢原子。这些实验进一步证明了反物质的存在，但这毕竟是人工"制造"出来的反物质。那么，宇宙中的反物质世界到底有没有？如果有，它在哪里呢？我们开头讲的丁肇中先生主持的"阿尔法"磁谱仪的实验，就是要寻找宇宙中的反物质，这项实验的重要性可想而知。但是，这项实验太难了。我们知道，反物质一遇上物质，马上就会发生"湮灭"而消失的无影无踪。反物质世界距离我们非常遥远，科学家们认为，至少在3 000万光年范围之内没有它们的踪影。反物质世界里的个别粒子，穿过茫茫物质世界的重重障碍，到达地球附近，是相当困难的，即使能过来，数量也一定非常少。所以，丁肇中先生主持制造的仪器灵敏度非常高，只要有一个反物质的粒子通过，就不会漏掉。

爆炸案的"罪魁祸首"是反物质吗

　　反物质造访过地球吗？对此科学家们说法不一。因为反物质与物质发生湮灭时，会释放出巨大的能量，引起剧烈的爆炸，所以一些热衷于反物质研究的科学家，把地球上发生的一些神秘的大爆炸与反物质联系起来了。

　　1908年6月30日，在俄罗斯西伯利亚的通古斯森林里，突然发生了一场剧烈的大爆炸。巨大的火柱腾空而起，大火迅速蔓延，霎时间数百千米之内一片火海。爆炸引起的震动一直传到美国和欧洲。在距离爆炸点1 000千米之内，都可以听到排山倒海般的隆隆巨响。爆炸之后，整个通古斯地区化为一片焦土。森林、城镇、村庄连同居民、牲畜全部毁于一旦。大爆炸震惊了全世界。因为当时西伯利亚的气候恶劣、交通困难，一直没有科学家去考察。

通古斯大爆炸之谜

20多年以后，前苏联派出了一支由天文学家、考古学家、气象学家、地质学家等各方面的专家组成的考察队，对通古斯进行了全面考察和研究。有人认为是陨石撞击地球，但在爆炸发生地却没有任何陨石撞击的痕迹；有人认为是外星人的飞船撞上了地球；还有人认为大火是外星人发射的激光。但这些猜测都没有凭证，所以最终没有弄清大爆炸的原因。后来，美、英等国家的科学家，也到实地进行了考察，结果也是毫无收获。今天，研究反物质的科学家们认为，通古斯的大爆炸是反物质引起的"湮灭""制造"的"爆炸案"。当然，这种认识还有待于进一步研究。

神奇的反物质火箭

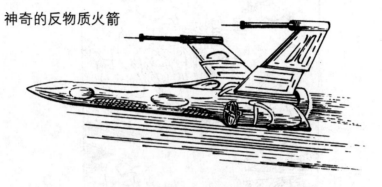

想象中的反物质火箭

反物质在发生湮灭时会释放出巨大的能量，这种能量甚至比原子能还要大得多。欧洲核子研究所的一位科学家，根据这个道理，产生了一个大胆的想法，制造一种能利用反物质作燃料的火箭。

我们知道，要想到更远的宇宙空间去，就必须提高火箭的速度；而要增加火箭的速度，就必须增加火箭的燃料；但增加了火箭的燃料，火箭的重量就会增大，这样又会使火箭的速度降低。这个矛盾使得现在的火箭速度受到严重的限制，现在火箭最快的速度也只有每秒几十千米。

但是，如果用反物质作燃料，这个问题就迎刃而解了。

因为，反物质湮灭时释放的能量非常大，一枚火箭只要有几克，也就是一小汤匙的反物质燃料就足够了。这种火箭的威力非常大，它用9克反物质燃料就可以把1吨重的飞船加速到每秒10万千米的速度。现在的火箭与反物质火箭简直就像牛车与飞机一样不可同日而语。

但是，制造反物质火箭困难太多了。首先，用什么东西"盛"反物质就是一个难题。生活中，米、面可以盛在口袋里，油、盐、酱、醋可以盛在瓶子里，水可以装在缸里。但要把反物质装起来就难了。因为我们这些盛东西的"家伙"都是正常的物质组成的，反物质一碰到它们马上就会湮灭。所以，平常的东西都不能盛反物质。其次，到哪儿去弄反物质。欧洲的核子实验室一年才制造了9粒反氢原子，按这个速度，制造1克反物质需要10亿年，要凑够9克反物质谈何容易，那就要等90亿年。所以，反物质火箭听起来很诱人，实际上目前还不可能制造出来。但是，也许将来会有一天，科学家们会克服种种困难，最终制造出反物质火箭来！

● （二）正在胀大的"气球"——宇宙膨胀

我们头顶上的夜空成年累月好像就是一个模样，几百年、几千年都没有什么变化。给人们的感觉好像宇宙非常稳定、平静。其实不然，宇宙中每时每刻都在发生着剧烈的变

化和运动，并且宇宙中的变化运动都是惊天动地的。宇宙中一种最大的运动就是：宇宙从它诞生的那一天起，就开始向外剧烈地扩张、膨胀。

天体"逃跑"的"铁证"——红移

为了说明什么是红移，我们先到野外做个实验看看。

小实验：晚上夜深人静的时候，在野外找一个离铁路较近的地方，仔细听来往火车的汽笛声。这时你就会发现，朝我们迎面开过来、离我们越来越近的火车，它的汽笛声音的音调越来越高，就是声音越来越"尖"；而离我们而去、越来越远的火车，它的汽笛声音的音调会越来越低，就是声音越来越"发闷"。

多普勒效应

这是为什么呢？原来，声音是在空气中传播的一种波，它与我们前面介绍过的电磁波一样，也有波长和频率。频率越高，声音的音调也就越高，我们听起来就越"尖"；频率越低，声音的音调也就越低，听起来声音就会越"发闷"。火车朝我们开过来的时候，它的汽笛发出的声波的频率会变高；而火车离我们而去的时候，它的汽笛发出的声波的频率会变低。这样，开过来的火车汽笛声，我们听起来"尖锐"；而远去的火车的汽笛声，我们听起来"发闷"。这种现象也叫"多普勒效应"。

声音有"多普勒效应"。光也是一种"波"，它有没有"多普勒效应"呢？事实证明，光也有"多普勒效应"。我们前面已经介绍过，可见光中的七种颜色的光，在光谱中是按照红、橙、黄、绿、青、蓝、紫的顺序排列的，从红色光到紫色光频率越来越高，波长越来越短。当发光的天体，远离我们而去的时候，它发出的光的频率就会变低，橙色光就会变成红色光；黄色光就会变成橙色光，甚至进一步变成红色光；其他颜色的光也会向红色光的方向变化。因为光的频率变低，在光谱上看起来就好像朝着红色光的方向移动了，所以科学家们就把这种现象叫作"红移"。如果我们发现哪个天体的光发生了红移，就证明哪个天体正在远离我们而去。红移越严重，证明这个天体"逃跑"的速度越快。

不断胀大的"气球"

经过观测，科学家们发现，河外星系光谱普遍有红移，并且离我们越远的星系其光谱红移越严重。这说明，银河系之外的其他星系，都在远离我们银河系而去，并且距离我们

越远的星系"逃跑"的速度越快。这是不是说明我们的银河系处于宇宙的中心，其他星系都在四散奔逃，远离我们而去呢？其实不是这样。我们再做个实验看看。

小实验：找一个气球，先在气球上用笔轻轻地涂上一些黑点，用力把气球吹大，观察黑点之间距离的变化。

认真观察你就会发现，气球上的黑点在散开，它们之间的距离在增大。以其中的任何一个黑点为标准，其他的黑点都在远离这个黑点而去，并且离这个点距离越大的黑点散开的速度越快。这就说明，气球在膨大的时候，根本没有中心，任何两点之间的距离都在增大。这种现象与河外星系离我们而去的现象非常相似。由此，科学家们认为，我们的宇宙像一个不断吹大的气球一样，正在不断地向外膨胀，各个星系之间的距离正在不断增大。

宇宙会这样永远膨胀下去吗？如果是这样，宇宙中的物质不就像一锅不断往里加水的粥一样，变得越来越"稀"了吗？有人的确是这样认为的。但是，也有人认为，宇宙膨胀到一定时候，就会停止膨胀，变为收缩，并且收缩的速度越来越快，最后庞大的宇宙就会收缩成一个点。到那时，地球、太阳、星星，还有我们人类就都没有了，甚至时间、空间也不存在了！

不过我们不要悲观，生死是自然界的客观规律，宇宙当然也不例外。但那至少是几百亿年以后的事情，并且这只是现在的一种认识、一种猜想，是不是真的还不一定呢！

●（三）变化的空间

我们每时每刻都生活在空间之中，离开了空间我们就没有"容身之处"，可见空间对我们的生活来说太重要了。尽管空间与我们的关系这么密切，但是我问你：你熟悉空间吗？我说空间会变，本来1米宽的空间，可能变成1.1米，也可能变成0.9米，你相信吗？本来平直的空间可能变成"弯"的，使得我们人类也不得不走"弯路"，你相信吗？你可能不相信，但是空间的确会变化。

每时每刻都在"移动"的家——位置的相对性

我们每天都在上班、上学、回家，工厂、学校和家都有固定的位置，没有任何变化，如果说你家每时每刻都在动，你肯定不相信。但是，你的家的确在"移动"。我们在火车上做个实验看看。

小实验：上火车的时候带上一个皮球，当火车开动起来之后，我们把皮球拿出来，放在车厢里的小桌上。这时，我们在火车上看起来，皮球在小桌上静静地待着，一动也不

动，位置没有任何变化。如果这时另外一个人站在铁路边上看这个皮球，皮球就不是静止不动的了，而是在用与火车相同的速度向前奔跑，它的位置在快速变化着。

同一个皮球，为什么两个人看上去会有不同的结果呢？这是因为，我们讲任何一个东西是"动"还是"没动"、位置是"变"还是"没变"时，都要首先确定一个"标准"。比如，我们说火车上的皮球动没动、位置变没变，首先要说的是以坐在火车上的人为标准呢，还是以站在铁路边上的人为标准呢？以坐在火车上的人为标准，皮球没有动，位置也没有变化；但是，以站在铁路边上的人为标准，皮球就在动，位置也在变化。

空间并不是绝对的

再看看我们的学校、工厂和家。如果我们以地球为标准，站在地球上看，它们的确每天都在那里，没有动；但是，如果以太阳为标准，它们就都在动，位置每时每刻都在发生变化。这就说明位置是相对而言的，没有绝对的位置。

同样，要讲物体运动的速度是快还是慢，也必须先确定一个标准。比如，一列火车，我们站在铁路边上看，它的奔跑速度是每小时100千米。如果我们坐在一辆和火车运动方向相同的汽车上看，你就会发现这列火车奔跑得慢多了。所以，速度的快慢也是相对的。

速度具有相对性

　　一个东西是向什么方向运动，也要先确定一个标准之后才好讲。比如，一辆汽车和一辆自行车，以马路边的楼房为标准，它们都在向北跑。但是，如果你坐在这辆汽车上，超这辆自行车的时候，就会发现自行车不是向北跑，而是向南跑。不相信吗？雇一辆出租车，在马路上找几辆自行车看看，自行车是不是在向后"退"。通过观察，你可以发现物体运动的方向也是相对的。

开启空间、时间大门的"金钥匙"——绝对光速

　　我们已经知道，速度是相对的。物体的运动速度到底是快还是慢，要看以什么为标准。我们用皮球在火车上再做一次实验看看。

　　小实验：假如我们坐的火车，每秒钟跑40米，这时，我们在火车上顺着火车跑的方向，把皮球用力向前扔出去，如果皮球出手时，相对于手的速度是每秒钟20米，那么站在火车上看，皮球飞出去的速度就是每秒钟20米。但是，这时如果另外一个人站在铁路边上观察，那么，这个皮球的速度是多少呢？显然这个速度应当是火车的速度加上皮球出手时相对于手的速度，应当是每秒钟60米。

　　上面的实验说明，物体运动速度的快慢，是相对的不是绝对的，要看以什么为标准。但是，这里需要说明的是，上面我们讲的速度的相对性，是对一般物体的运动而言的，

对于光来讲，这个道理就不灵了。比如，在上面的实验中，我们不是向前扔出皮球，而是向前发出一束光，显然在火车上看来，以火车为标准，光出去的速度肯定是光速，即每秒30万千米；站在铁路边上的另一个人看，这束光的速度仍然是每秒钟30万千米，而不是光射出去的速度再加上火车的速度。我们一定记住，光的速度是绝对的、不变的，无论以什么为标准，光的速度都是每秒钟30万千米。这是一条经过反复实验得出的公理，我们不要试图探讨它为什么。但一定要记住，它是我们掌握空间和时间的一把"金钥匙"。

变短的尺子——相对空间

前面我们介绍了，除了光的速度之外，一般物体的位置、速度、运动方向都是相对的。那么，物体的长短是绝对的还是相对的呢？比如，一把1米长的尺子，是不是在哪儿都是1米长呢？

运动的物体空间会受到压缩

　　你可能回答："对啊，1米的尺子，就是1米长，到哪儿也不会变！"但是，你错了！物体的大小、长短，物体之间的距离，也是相对的，不是一成不变的。

　　例如，在一次空战中，我军的飞机追赶敌机，当我军飞行员发现距离敌机500米的时候，保持与敌机相同的速度，然后发射激光将敌机击毁。击毁敌机的这个过程，在我军飞行员看来，激光走了500米，就把敌机击毁了。但在地面上的人看来，因为两架飞机在以相同的速度向前飞，所以激光击毁敌机走过的距离，不是500米而是比500米大。那么根据光速不变的道理，激光相对于我军飞机的速度和相对于地面的速度都是每秒30万千米。所以，在我军飞行员看来，从发射激光到击中敌机，所用的时间是500米除以光速；而在地面上的人看来，从发射激光到击中敌机，所用的时间是以大于500米的距离除以光速。显然，从地面上看，击毁敌机所用的时间要长一些。击毁同一架敌机，在空中看来用的时间短，而在地面看来用的时间长，这说明什么呢？这说明，同样是两机之间的距离，在空中看来短，而在地面看来长。这时，如果我们在飞机上沿着飞机运动的方向放上一把1米长的尺子，这把尺子就会变得不到1米。这个现象科学家们称为"动尺缩短"。"动尺缩短"与运动速度有关系。当速度远远低于光速的时候，差距非常小，完全可以忽略不计；但是，当速度与光速相当的时候，差距就会非常明显。

● （四）诡秘的时间

在前面我们已经介绍过如何标识、记录时间。但是，如果有人问你："时间到底是什么东西？"你还能回答上来吗？你可能会不假思索地回答："你真是闲着没事干了，日复一日，年复一年，不就是时间吗？"可是，如果仔细想想，问题就不那么简单了。世界上的东西就是这样，往往越是你熟悉的，反而你对它的了解越少。熟视无睹，大概就是这个意思。时间可能是我们最熟悉的东西了，无论你干什么都离不开时间，但是你对时间究竟了解多少呢？

不"公平"的时间

我们常说：时间是最公平的，上帝给谁的时间都一样。一般来讲是这样，但是，对高速运动的东西就不一定是这样了。

我们仍然回到我军飞机击毁敌军飞机的问题上。从发射激光到敌机被击毁的时间间隔是相同的，但飞行员与地面上感觉用的时间却不一样。实际上，如果飞行员和地面上的人手中都有钟表的话，他们就会发现，两只钟表走的数字不一样，飞行员的钟表走得慢，比如走了3秒，而地面上的钟表走得快，可能走了5秒。这种现象，科学家们称之为"动钟延缓"。

怎么？儿子比父亲还大吗

"儿子比父亲大"

　　儿子肯定比父亲小，这是人人都懂的道理。但是，如果让父亲坐上宇宙飞船在太空"旅游"一圈儿，然后回来再看，父亲和儿子就不一定谁大谁小了。根据"动钟延缓"

的道理，父亲坐上飞船之后，时间变得很慢，所谓"天上一天，地下一年"，天上1个月，地下30年。如果按这个比例算，假如父亲乘飞船走的时候，父亲30岁，儿子10岁，等父亲在宇宙中"旅游"1个月回来，父亲仍然30岁，而儿子已经40岁了。

六、探索宇宙

茫茫宇宙，浩瀚无垠，充满神秘和奥妙。虽然今天的科学技术已经非常发达，对宇宙的研究已经取得了丰硕的成果，但对宇宙无穷的奥秘来讲，这只是万里长征刚刚走出的第一步，宇宙中还有无数的秘密等着我们去探索呢！

● （一）宇宙有限、无限之谜

我们经常会听到这样的疑问：宇宙是有限的还是无限的？这是我们在认识宇宙的过程中，最先想到并且不可回避的问题。同时，这个问题也是一个最难解决的问题。至今，在这个问题上仍然是公说公有理，婆说婆有理，没有统一的看法。

"无限论"者的"武器"

一部分科学家认为宇宙是无限的。他们的理由似乎非常充足。

　　首先他们认为，如果宇宙有边界，那么边界在哪里？边界外面是什么东西呢？这个问题还真不好回答。宇宙的边界在哪里，谁也说不清楚。用现在最好的望远镜，人们已经可以观测到200亿光年外的天体，但这远不是宇宙的边界。至于如果宇宙有边界，边界外面是什么东西，就更不好回答了。我们讲宇宙是所有"东西"的整体。如果宇宙外面还有东西，那么这个宇宙就不是一个整体，也就不能叫宇宙了。如果宇宙外面没有东西，那宇宙的边界是什么意思呢？显然，宇宙不可能有边界。

难道宇宙是无限大的吗

其次，相信宇宙无限的科学家们还认为，如果宇宙有边界，宇宙就应当有一个中心。但是宇宙的中心在哪里？地球不是宇宙的中心，太阳不是宇宙的中心，银河系也不是宇宙的中心。实际上，我们从来没有观测到过宇宙的中心。同时，在宇宙当中也不应该有"中心"这么个特殊位置。所以，宇宙没有中心。既然宇宙没有中心，宇宙也就不应该有边界。

显然，认为宇宙无限的科学家们，只是对认为宇宙有限的观点进行反驳，他们并没有提出证明宇宙无限的真凭实据来。

"有限论"者制造的"难题"

与认为宇宙无限的科学家一样，认为宇宙有限的科学家，也提出了两个难题来证明宇宙是有限的。

夜里为什么天黑——奥伯斯之谜

夜里天就会变黑，这是一种人人皆知的自然现象，似乎很少有人问为什么。但要真问这个问题，还真不好回答。这里之所以提出这个问题，是因为这个问题与宇宙的有限、无限有直接的关系。

这个问题是20世纪德国一个叫奥伯斯的科学家提出来的，所以人们就称它为"奥伯斯之谜"。

奥伯斯认为，如果宇宙是无限的，那么从我们地球上看去，每个方向上都会有无限多的恒星，这么多的恒星，天空应当是一片明亮，而不应当是黑暗的。就像我们站在远处看一片树林一样，虽然树林的树和树之间是有距离的，但因为树很多，树林在我们看的方向上很"厚"，我们不能把树林看"透"，所以呈现在我们的眼前的全是树。同样，如果宇宙无限，宇宙中就有无数颗星星，它们都在发光，我们仰望夜空应该是一片"光明"。

宇宙无限论者遇到的难题

但是，我们的夜空的确是黑的。一百多年来，许多科学家对"奥伯斯之谜"做了很多解释，但都不圆满。

"奥伯斯之谜"至今仍然是困扰认为宇宙无限的人的难题。

"枣子为什么是一斤"——"西利格之谜"

假如我们到商店去买一斤枣子，如果你问售货员："这一斤枣子是怎么称出来的？"售货员可能会告诉你："是

根据地球对枣子的引力大小称出来的。"如果你再问："怎么不考虑其他星星对枣子的引力呢？"售货员可能还会告诉你："其他星星离得太远，引力很小可以忽略不计。"如果你还继续问："虽然远处的星星对枣子的引力很小，但宇宙无限大，星星无限多，无限多的星星引力加起来还小吗？"这个问题可能就不是售货员能回答的了。

这就是有名的"西利格之谜"。和"奥伯斯之谜"一样，如果宇宙是无限的，宇宙中的恒星和其他天体也应该是无限的。这样，虽然一个星星对地球上的物体引力可能很小，但无限多个"很小"也是无限。你可能在想，来自各个方向的星星的引力互相抵消了，我们就感觉不到了。如果各个方向相互抵消，必须满足一个条件，就是星星在各个方向必须是绝对均匀的，有一点儿不均匀，星星的引力就会表现出来。现在观测结果证明，宇宙在各个方向是大致均匀，但不是绝对均匀。

"西利格之谜"也成了认为宇宙无限的人的难题。

● （二）宇宙大爆炸之谜

前面我们已经介绍了许多关于宇宙的情况，比如宇宙中的恒星、宇宙中的星系、宇宙中的物质、宇宙中变换多端的空间和时间、宇宙有限还是无限，等等。上面这些东西是从什么时候开始有的？是怎么有的呢？宇宙有开始吗？宇宙有死亡吗？宇宙的将来是什么样子？这些问题归结在一点就是，宇宙怎么来的，它将怎么发展变化下去。

有的人认为宇宙是永恒的，没有开始，也没有结束，宇宙原来就是这样，将来还是这样。这种认识显然不符合大自然中任何东西都有生、老、病、死的发展变化的规律，因此是不可信的。

我国古代的一些科学家认为：宇宙生成之前是一片虚无缥缈的状态，然后慢慢产生了许多混沌的"浓雾"，浓雾渐渐分离，轻的上升，变为天；重的沉积下来，变为地。今天看来，这种认识显然是不对的，但在古代科学技术非常落后的情况下，有这样的认识，也是非常难能可贵的。

现代科学家们，凭着先进的技术和大量的观测资料对宇宙的起源，做了大量的研究，提出了许多猜想和看法，其中的"大爆炸宇宙"理论，影响最大，相信的人也最多。

炸响的"爆竹"

我们前面已经介绍过，大量的观测资料，特别是观测"红移"的结果，证明宇宙正在向外膨胀。既然现在正在膨胀，如果反过来想往回推，假如让宇宙回到原来的状态，宇宙中所有的东西是不是会回到同一点上。比如，我们点一只爆竹，爆竹炸响后，它的碎片急速膨胀，飞向四周，但是，这些碎片原来都是在一只爆竹上的。

由此科学家们认为，宇宙是大爆炸的"产品"，宇宙原本是一个温度无限高、质量无限大的"原始火球"。这个火球因为某种作用发生了爆炸，逐渐形成了物质，并向四面八方均匀膨胀，就形成了今天正在膨胀的宇宙。

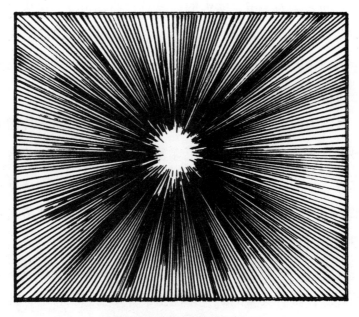

大爆炸宇宙说并不能解决所有问题

大爆炸理论和许多观测事实一致。同时，大爆炸也能很好地解释"奥伯斯之谜"和"西利格之谜"。因为宇宙是有开始的，宇宙开始之后才逐渐产生了星星，所以，星星照到地球上的光是有限的，不是无限大，当然夜空就是黑的。当然星星对地球上东西的引力，也不可能无限大。所以，大爆炸宇宙的说法，得到了许多科学家的认可。

当然，大爆炸宇宙的说法，也不是无懈可击的，它也有许多解释不清的地方。比如，宇宙开始的"原始火球"，科学家们又叫它"奇点"，之所以"奇"是因为这个"奇点"人们至今也弄不清是什么东西。什么东西会有那么高的温度？什么东西能够集中那么多物质？这些都是大爆炸宇宙的说法回答不了的问题。

宇宙的"前途"

按照大爆炸宇宙的说法，宇宙将来的"前途"有两种。第一种"前途"认为：宇宙膨胀到一定时候，就会收缩回来，然后越收缩越快，最终恢复到"原始火球"的状态；然后"原始火球"会再次爆炸、膨胀。这样，宇宙就会像一个吹大、缩小，再吹大、再缩小的气球一样，爆炸、膨胀、收缩；爆炸、膨胀、收缩……无穷无尽地循环下去。第二种"前途"认为，宇宙将一去不回头，永远膨胀下去，不会再收缩回来。

两种"前途"，哪个是正确的目前还没有定论。

●（三）宇宙生命之谜

茫茫宇宙，除了我们人类之外，还有其他有智慧的生命吗？它们在哪里？什么模样？这是人人都感兴趣的问题。

地球外面生命存在的可能

我们知道，恒星是一个一个的大火球，在恒星上面不

可能有生命。所以，寻找生命必须在行星上进行。我们太阳系的九大行星，根据科学家们目前的探测证实，除了地球之外，都没有生命。那么，宇宙中是不是除了地球之外，就没有有生命的星球了呢？目前显然不能这样回答。我们知道，仅在我们银河系中就有1 000亿颗和太阳差不多的恒星，而宇宙中至少有200多个像银河系一样的星系。宇宙中的恒星可谓太多了！在这些众多的恒星当中，可能有一些是周围没有行星的"光杆司令"。但可以肯定，有许多恒星像我们的太阳一样"拖家带口"，周围有许多行星。我们已经观测到了银河系内的其他行星。在其他行星上，只要有适当的条件，比如温度、空气、水等，就可能有生命，甚至可能有比我们地球上的人类发展得还要先进的"外星人"。科学家们估计，在银河系的1 000亿颗恒星中，大约有10亿颗恒星周围存在有生命的行星，有"外星人"的行星大概有100多万颗，但也有人估计比这个还多。根据这些估计来看，我们地球上的人类，可能不是"孤独"的，宇宙中完全有可能存在有智慧，甚至比我们人类更聪明的生命！

宇宙中的生命"分子"

过去，人们一直认为，宇宙空间除了恒星、行星、星系、星团等天体之外，再没有什么东西了。近年来，科学家们在宇宙中发现了不少其他的物质。特别是在宇宙中发现了水和有机物"氨"，甚至还有更复杂的有机物甲醛、甲胺等。这些发现轰动了世界。

寻找地外生命

　　我们知道，水是生命之源，有水就有可能存在生命。有机物是组成蛋白质的基础，而蛋白质又是生命的基础。那么这些东西的发现，是不是证明宇宙中生命的可能普遍存在呢？

苛刻的条件

　　虽然宇宙可能还会有其他生命，但存在生命的条件要求太苛刻了。

　　首先，只有和太阳相类似的恒星周围才可能有生命。

虽然宇宙中的恒星很多，但这些恒星多种多样，在各种各样的恒星中，只有和太阳相似的恒星周围才有可能存在生命。恒星太大了不行，因为恒星有一个"怪"脾气，个头儿越大寿命越短。例如，比太阳大50倍的恒星，它的寿命可能不到太阳的三分之一，还没等到生命产生呢，恒星已经"死亡"了。所以，太大的恒星周围不可能有生命。恒星太小了也不行。科学家们认为，小恒星周围的行星，一般都离恒星近，这样行星上的温度就很高，生命无法存在；小恒星周围的行星的自转，可能很慢，它甚至可能总用一面对着恒星，这就像烤烧饼不翻个儿一样，总烤一面，这面烤煳了，另一面还生呢。在这样的行星上生命也不可能存在。

其次，和太阳类似的恒星也不一定有生命。它必须是"单身"，我们前面介绍过的"恒星夫妻"双星，周围就不可能有生命。我们知道所谓双星就是两个或者几个恒星在一起。我们假设地球的天空上有两个太阳，我们地球上的人还能活吗？所以，即使恒星的"个头儿"和太阳差不多，如果不是"单身"，周围也不可能有生命。

根据这些条件估计，银河系中和太阳"个头儿"差不多的恒星，大约有25%，这其中近一半是"夫妻星"，这样可能存在生命的恒星仅有10%左右。但是，在这10%的恒星当中，真正带有行星的可能仅有一半。那么，是不是有了行星就一定有生命呢？显然不是。我们太阳系中有9颗行星，只有地球一颗有生命。行星上要有生命，它的个头儿不能太小，太小的行星周围没有空气；自转速度不能太慢，太慢了就会一面是"火炉"，一面是冰窖；离恒星不能太远，太远就会温度很低变成"冰蛋"；也不能太近，太近温度就会很高，就成了"炼铁炉"。

宇宙中到底有没有全部满足这些条件的星球，至今还是个未解之谜。

监听"外星人"的"电话"

科学家们认为，"外星人"可能与我们人类的"模样"不一样。但他们可能和我们的通信方式差不多。另外，如果"外星人"有和我们人类一样、甚至更先进的智慧，那么"外星人"肯定会主动与我们地球"联系"。最有可能的联系方法就是，向我们发射无线电。所以，监听"外星人"的无线电信息，可能是发现"外星人"的最好办法。

于是，从1960年，美国开始用26米的天线，对两颗与我们邻近的可能存在生命的恒星进行了150个小时的"监听"，但没有收到任何异常信号。1978年，美国对距离地球80光年以内的660颗和太阳类似的恒星进行轮番监测，遗憾的是也没有发现异常信号。

虽然这样，但人类探索宇宙生命的兴趣却丝毫未减。目前美国等几个发达国家，正在筹划一个"独眼巨人"计划，打算建立一个巨大规模的"天线阵"。这个巨大的"天线阵"由1 026座口径100米的像大"锅"一样的射电望远镜组成。但愿这个"大家伙"，能够听到"外星人"的"声

音"。

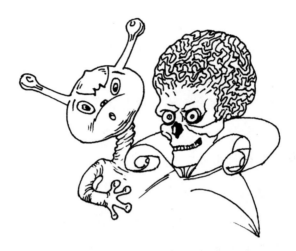

"独眼巨人"计划能找到"外星人"吗

给"外星人""发电报"

既然可以监听"外星人"的信号，我们为什么不能给"外星人"发出信号呢？

其实，我们地球每时每刻都在向外面发射着信号，例如广播、电视，这些信号不仅在地球上可以接收，而且可以传播到太空中。不仅如此，我们人类还专门给"外星人"发过"电报"。1974年，美国建成最大的305米的射电望远镜之后，为庆祝望远镜的建成，向"外星人"发了一封3分钟的电报。这封电报用"外星人"也能懂的数学语言，向"外星人"讲了我们太阳系的情况、位置，地球上的主要物质，我们人类的主要遗传基因的情况，等等。

这封电报是向一个离我们不太远，但却集中了30多万颗恒星的一个星团发出的，只要这个星团中有一颗有智慧生命的星球，它们就能收到我们的电报。这个星团离我们24 000光年，我们人类的电报到达那里需要24 000年。如果那里存在有智慧的生命，它们给我们回"电报"的话，也需要24 000年才能到达。这样，我们要收到它们的回信就是48 000年以后的事情了。

送去地球的"名片"和"唱片"

除了向"外星人"发"电报"以外，我们人类还利用发射宇宙飞船，向"宇宙人"送去了我们地球的"名片"和"唱片"。

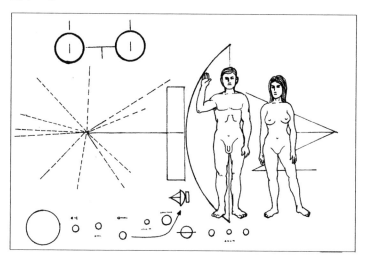

"先驱者十号"携带的地球"名片"

1972年和1973年，美国相继发射了"先驱者十号"和"先驱者十一号"宇宙飞船。1977年，美国又先后发射了"旅行者一号"和"旅行者二号"宇宙飞船。这些飞船在完

成对太阳系的考察之后，将脱离太阳系而在茫茫宇宙中遨游。如果它们被"外星人"截获，"外星人"就会知道地球人的存在，并与我们取得联系。

在"先驱者十号"和"先驱者十一号"身上，都带着一张地球的"名片"。"名片"长22.5厘米，宽15厘米。"名片"是铝制镀金的。"名片"的下方是太阳和九大行星的示意图，并示意"先驱者"飞船是从第三颗行星——地球发射出来的；右边画着我们人类的形象，一男一女，男的举起右手打招呼，表示友好；左边画着氢的原子结构图。因为氢是宇宙中最多的物质，如果存在有智慧的"外星人"，它们肯定可以看懂。

"先驱者十号"和"先驱者十一号"，估计要飞行8万年，才能到达离地球最近的恒星，也就是离我们4.34光年的"南门二"。

"旅行者二号"和"旅行者一号"上，分别带着一张镀金的唱片，和一根钻石的唱针。唱片的直径30.5厘米，是用铜制造的，外面镀有一层金膜，科学家们估计，这种唱片10亿年之后仍然可以放出声音。唱片的一面，录制了90分钟的"地球之音"。内容包括：60种不同语言的问候语，其中有我们中国的普通话，厦门话，浙江、上海一带方言和广东话；地球上自然界的各种声音，包括风声、雨声、雷鸣声、小鸟的叫声、汽车火车的声音；还有27首不同民族、不同时代的具有代表性的音乐作品，其中包括我国的古典音乐《高山流水》。唱片的另一面是用图像编码的方式录制的116幅图片，反映了地球上的各种自然景观、人文景观、人类生活的情形、人类的科学技术成果等，其中有我国长城的雄姿和中国人午餐场景。

"旅行者二号"目前已经到达太阳系的边界，估计29万年以后，它将飞抵距离我们8.6光年的天狼星。

飞碟之谜

现在提起飞碟或UFO，几乎无人不知，无人不晓。飞碟，准确的名字应当是"不明飞行物"。它的英文缩写是"UFO"，最早是由美国传出来的。1947年，一位美国飞行员正驾驶飞机在空中飞行，突然发现有几个巨大的圆盘，在向华盛顿的方向飞去。据这位飞行员讲，这些圆盘直径有30多米长。消息传出后，成为轰动世界的新闻。因为这些"怪物"是圆盘状的，所以起名叫"飞碟"。

在过去的50多年中，世界各地有关飞碟的传闻层出不穷。据不完全统计，从1947年到现在，世界各地的飞碟传闻上万起，有几万人都说自己看到过飞碟。

这些传闻都把飞碟描述成来无影去无踪，神秘莫测的"怪物"。它们到底是什么？对此人们有许多不同的看法。其中最吸引人的一种看法是：认为飞碟是"外星人"的宇宙飞船。对这种看法有的科学家同意，有的科学家反对。

赞同的人认为：宇宙中肯定有比人类更聪明的、更高级的"外星人"，与它们相比，我们地球人好像还在"婴儿"

期。并且考古学研究认为，地球上许多地方都有"外星人"留下的痕迹。在秘鲁的一条河床里，人们发现了8 000年前的石头上刻的宇宙飞船的形象。

总能激发人们想象的UFO

反对的人认为：假定宇宙中有文明星球的话，它们互派"使者"的可能性有多大？假定银河系中有100万颗有文明的星球，都已经能够发射飞船，每年各发射1艘飞船的话，银河系中有1 000万颗恒星，就是只考察其中的1%，轮到我们太阳，也要1万年才有一艘。所以，如果飞碟是"外星人"的飞船，那也是千载难逢的！

美国曾经做过一个调查报告，对12 000多起"飞碟"事件进行了调查，发现其中大部分不是什么"外星人"的飞船，而是各种原因引起的误会。比如有的是人造卫星返回地球烧毁的碎片，有的是气球或飞机，有的是云块云团，有的是鸟群、昆虫群等。

　　看来，传闻中的"飞碟"肯定不全是"外星人"的飞船。那么，其中有没有来自外星的"飞船"呢？这个问题，至今也还是个谜！